2013年
国外国防电子热点研究

工业和信息化部电子科学技术情报研究所 著

主编/由鲜举　　副主编/黄锋　乔榕　李耐和

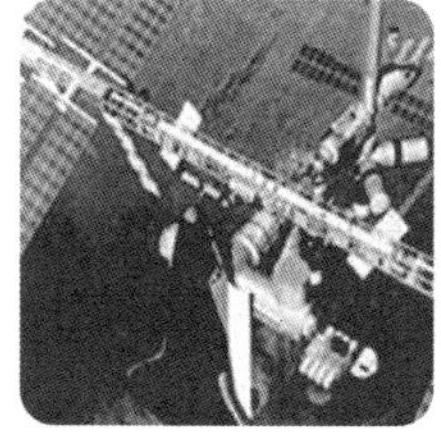

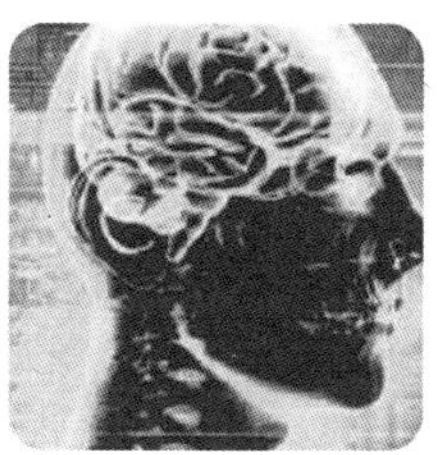

電子工業出版社
Publishing House of Electronics Industry
北京 • BEIJING

内 容 简 介

本书对2013年美国、欧盟、俄罗斯、日本等主要国家和地区国防电子五大领域40余个热点问题进行了深入研究和探讨，这些领域涵盖国防电子工业、技术、装备、赛博和安全保密，涉及的热点问题包括：美国高功率微波武器研发取得重大进展、俄罗斯促进国防电子工业发展的重要举措、日本将效仿美国DARPA开展先期研究、3D打印技术、量子信息技术、脑机接口技术、集成电路技术、光电集成技术、450mm晶圆、伪冒电子元器件、赛博空间管理和测试评估、新型病毒武器、"棱镜门"事件，等等。

本书可供国防电子工业、技术、装备、赛博、安全保密等领域管理人员和技术人员参考。

图书在版编目（CIP）数据

2013年国外国防电子热点研究/由鲜举主编；工业和信息化部电子科学技术情报研究所著. —北京：电子工业出版社，2014.3

ISBN 978-7-121-22526-0

Ⅰ. ①2… Ⅱ. ①由… ②工… Ⅲ. ①电子技术－研究－国外－2013 Ⅳ. ①TN

中国版本图书馆CIP数据核字（2014）第033576号

责任编辑：徐蔷薇
印　　刷：三河双峰印刷装订有限公司
装　　订：三河双峰印刷装订有限公司
出版发行：电子工业出版社
　　　　　北京市海淀区万寿路173信箱　邮编　100036
开　　本：720×1 000　1/16　印张：17.5　字数：262千字
印　　次：2014年3月第1次印刷
印　　数：3 000册　　定价：168.00元

凡所购买电子工业出版社图书有缺损问题，请向购买书店调换。若书店售缺，请与本社发行部联系，联系及邮购电话：（010）88254888。

质量投诉请发邮件至 zlts@phei.com.cn，盗版侵权举报请发邮件至 dbqq@phei.com.cn。

服务热线：（010）88258888。

《2013年国外国防电子热点研究》
编 委 会

前言

进入 21 世纪以来，军事转型浪潮席卷全球，信息化武器装备发展迅猛。为在信息化战争中赢得信息优势、决策优势和作战优势，世界主要国家积极推进国防电子工业、技术与装备发展。美国更是把保持或加大国防电子装备和技术优势作为其保持军事优势的重要手段，在整个国防预算大幅紧缩的情况下，却加大了对情报、监视、侦察、赛博、大数据、未来半导体和芯片等领域的投资。

2013 年，世界国防电子领域热点纷呈。美国、欧盟、俄罗斯、日本等主要国家和地区采取多项措施，积极发展国防电子工业，提高研发、创新和竞争能力；美国 3D 打印技术已用于 F-22、F-35 战机部件加工和阿富汗战场装备保障和维护，其他国家 3D 打印技术也如雨后春笋，发展迅猛；高功率微波武器接近实用，有望改变战争模式，脑机接口技术取得突破，量子信息技术前景广阔；美国集成电路技术取得群体性突破，英特尔公司推出世界首个 450mm 晶圆，俄罗斯认为元器件发展事关国家安全，决定将不再从国外进口军用电子元器件；美国加强对赛博空间一体化管理和测试评估能力建设，以病毒为主要攻击手段的新型安全威胁日益增加；“棱镜门”事件的曝光和持续发酵，致使许多国家开始重新思考和架构其国防安全战略，着力发展自主可控的电子信息装备和技术。

工业和信息化部电子科学技术情报研究所长期从事国防电子工业、技术、装备、赛博、安全保密等领域的跟踪研究工作，2013 年，在对国外国防电子领域五大模块 60 余个热点问题进行密切跟踪和深入研究的基础上，形成了近百项研究成果，其中部分成果受到部机关及业内专家的肯定与好评。

为了使更多的领导和研究人员能够及时、准确地了解和把握 2013 年国外国防电子领域的最新进展、重大动向及其对武器装备的潜在影响，现将部分研究成果结集成册，仅供参阅。

在专题研究过程中，研究人员得到总装备部、工业和信息化部、国家国防科技工业局、中国电子科技集团、中国航空工业集团等领导和专家的悉心指导，在此深表谢意。由于时间和能力有限，疏漏或不妥之处在所难免，敬请批评指正。

工业和信息化部电子科学技术情报研究所

2014 年 3 月

目录

CONTENTS

国外国防电子工业发展研究

3D打印技术研究

国外军事电子装备研究

国外微电子光电子技术研究

赛博空间研究

“棱镜”事件研究

国外

国防电子工业发展研究

2013年国外国防电子工业发展综述

2013年，美国、欧盟、俄罗斯、日本等世界主要国家和地区均采取多项措施促进国防电子工业发展。一方面，继续强化国防电子工业管理，通过制定国防电子战略与计划、强化科研机构建设，以及开展国防电子行业评估等，引导国防电子工业及技术发展。另一方面，继续为国防电子工业发展提供大量经费支持。此外，继续推动基于国防电子业务的企业重组与并购，提升国防电子企业竞争实力。在多项措施的推动下，世界主要国家国防电子工业能力提升明显，国防电子产品市场的发展也十分强劲。

一、强化国防电子工业管理

2013年，美国、俄罗斯和欧盟等国家和地区，通过制定国防电子工业及技术发展战略与计划，强化科研机构建设，以及加强对国防电子行业的评估等多种管理手段，有效促进了国防电子工业的发展。

（一）制定发展战略与计划

1. 美国制定网络与信息技术研发计划，明确研发重点

2013年5月，美国国家科学技术委员会（NSTC）网络与信息技术研究与开发子委员会公布了有关政府部门的《网络与信息技术研究与开发计划》（以下简称《计划》），明确了2014财年各政府部门在网络与信息技术领域的研发重点：高端计算基础设施和应用程序、人机交互和信息管理，以及赛博安全与信息保障。

在国防领域，2014财年，美国国防部在网络与信息技术领域的研发重点是赛博安全与信息保障、人机交互和信息管理、高端计算基础设施

及应用。此外，国防先期研究局将把赛博安全与信息保障作为其重点研发领域。

2．欧盟发布微纳电子工业战略，促进微纳电子产业发展

2013年5月，欧盟委员会发布的《微纳电子元器件与系统战略》（以下简称《战略》）强调，微纳电子元器件与系统对数字化产品与服务而言必不可少，是主要经济部门创新能力与竞争能力的重要支撑。同时，作为一项关键使能技术，其对欧盟经济增长和就业机会的创造也十分必要。为此，欧盟发布了《战略》，旨在提升欧洲的微纳电子设计与制造能力，提升微纳电子工业竞争力和增长力。

《战略》提出，要通过吸引和引导投资，支持欧洲发展微纳电子工业；要建立欧洲各成员国、欧盟和私人部门联合并重点支持微纳电子研究、开发与创新的机制；要采取措施提高欧洲竞争力，缩小技能差。

3．俄罗斯发布电子和无线电电子工业发展国家纲要，加强电子工业基础能力建设

2012年12月，俄罗斯政府颁布了《2013—2025年电子和无线电电子工业发展国家纲要》（以下简称《纲要》），这是俄罗斯《2025年前电子工业发展战略》实施过程中的第二个阶段性指导文件，旨在进一步加强俄罗斯电子工业基础能力建设、挖掘创新潜力、提升国际竞争力，为武器装备提供必备的电子产品，最终实现“缩小与世界先进水平的差距”。

《纲要》为俄罗斯电子工业基础能力建设提供了指导，明确了俄罗斯在无线电电子工业发展问题上的基本目标及要发展的核心技术。其中，基本目标为：为开发符合无线电电子现代化发展水平、有发展前景的电子和无线电电子生产工艺建立科技储备；为生产有竞争力的无线电电子产品构建现代化科技和生产工艺基础；足额保障关系俄联邦武装力量未来面貌的武器、军事技术装备和特种装备重点型号对无线电电子产品的需求。《纲要》同时也明确了俄罗斯要发展的核心技术，如辐射电子元器件、微波元件、集成电路、安全通信用设备组件和元件、专用软件、网络技术和综合管理系统技术、传感器、用于微电子生产的精密设备、电力电子和工业电子技术。

（二）加强科研机构建设

2013 年，美国、俄罗斯和日本均通过加强科研机构建设，推动国防电子前沿技术研究。

1. 美国 DARPA 发布新框架，重新阐述任务使命

2013 年 4 月，美国 DARPA 发布了名为《驱动技术突袭：DARPA 在一个正在变化的世界中的使命》的新框架，重新阐述了其任务使命。

新框架提出了 DARPA 在新形势下的三大战略目标：一是为保障国家安全，发展突破性能力；二是催生差异化的美国技术基础；三是确保 DARPA 当下和未来的健康与活力。DARPA 将在新的任务框架下，研究能够超越其他电子战系统能力的新一代电子战系统、新的授时与定位技术，以及赛博技术，将对国防电子技术水平的提升产生重要影响。

2. 俄罗斯国防部将设立从事军事领域研制工作的机构，保障俄罗斯军事科技的领先优势

2013 年 4 月，俄罗斯军方负责情报研究管理的官员叶夫根尼·切尔达科夫少将表示，俄罗斯将在国防部内设立一个负责军事领域研究和研制工作的机构。他称，新机构将包括中央部门，设在符拉迪沃斯托克、远东、圣彼得堡及其他城市的区域性科技中心，以及军种和兵种的相关机构，其宗旨主要是保障俄罗斯在科技和军事领域的领先优势。切尔达科夫少将表示，2012 年年底，国防部长已同意成立这一机构，且于 2013 年 1 月通过了关于该机构组织架构的决定。

3. 日本计划成立国防创新技术研究机构，加强国防科技创新

日本政府将创建一个仿照美国 DARPA 的新机构（可能将被称作 JARPA），旨在挖掘一系列具有潜在军事用途的民用技术。

日本政府表示，JARPA与美国DARPA并不完全相同。类似的地方是JARPA也将重点关注高风险且潜在影响巨大的新概念，也将采取“项目经理”制。获得任命的项目经理将负责挖掘有前景的研究、分配资金和管理项目进程。不同的地方是JARPA并不完全关注军用技术，出发点也不以军事应用为目的。日本政府官员表示，JARPA的隶属关系可以很好地说明这一点。美国DARPA隶属国防部，而日本JARPA却隶属日本内阁办公室。

（三）开展国防电子行业评估

行业评估是各国国防工业相关管理部门了解国防工业基础及能力现状，发现国防供应链空白或薄弱环节的重要手段。评估结果已成为各国国防工业管理部门制定国防工业政策、编制国防预算，以及进行国防工业能力调整的重要决策依据。2013年，美国就其国防工业能力和技术发展水平进行了评估。

1. 美国国防部对国防电子行业进行了综合评估

2013年10月，美国国防部按照惯例向国会提交了新版《年度工业能力报告》，对包括电子领域在内的8个领域进行了评估，分别为航空、电子、服务与保障、地面车辆、材料、弹药/导弹、船舶和航天领域。在电子领域，美国国防部重点对美国雷达、指挥、控制、通信与计算机的工业基础进行了评估。

（1）雷达工业基础较好，能够支持雷达项目的研发生产

鉴于雷达市场的重要性，美国国防部副部长办公室对雷达市场进行了深度评估，国防制造与工业基础政策办公室和国防合同管理局的工业分析中心负责具体实施。评估后认为，美国拥有3家从事有源相控阵雷达系统设计、开发、制造和维护的国内供应商；美国在这一领域具有完整的工业生产能力，能够保障有源相控阵雷达项目计划，以及其他雷达生产项目的生产进度；有源相控阵雷达开发所必备的工程技术均配备完全。

评估认为，美国雷达工业基础也存在如下问题：一是支持有源相控阵雷达生产所需的材料仅能满足少量雷达生产；二是氮化镓功率放大器、低成本数据接收器、数字波束形成等技术成熟度还不高。

（2）指挥、控制、通信与计算机工业基础广泛，但供应链管理面临挑战

美国在指挥、控制、通信与计算机（C4）领域具有广泛的民用电子工业基础。这一领域的大多数供应商都具备设计和生产系列国防产品的能力。然而，由于指挥、控制、通信与计算机工业基础的全球化和商业化特性，美国无法实现对所有电子硬件和软件的测试。因此，加强供应链管理，防止假冒伪劣产品进入国防领域是十分重要的。美国国防部也正在实施一系列的风险控制计划，以确保 C4 供应链的安全。

2. 美国战略和国际研究中心对美国半导体产业进行了评估

2013 年 5 月，美国战略和国际研究中心（CSIS）发布了《美国半导体产业基础实际审查报告》，对美国半导体制造能力进行了审查，指出了美国半导体工业基础存在的主要问题，并提出了保障半导体供应链完整性的措施。

（1）美国半导体产业基础存在的问题

CSIS 指出，美国半导体产业基础主要存在三个方面的问题。一方面，过去 5 年，在半导体器件价格下调和海外制造商成本优势增加的双重压力下，美国半导体器件生产商面临着严峻挑战。另一方面，近年来，美国国内制造能力发展缓慢，也给半导体工业基础带来不利影响。以 200mm 晶圆为例，2007—2012 年，北美地区 200mm 晶圆月产能的复合年增长率为 3.5%，仅达到世界平均增长率的一半。美国国内制造能力发展缓慢缘于许多半导体制造商将制造工厂迁至海外，国内转向发展利润丰厚的半导体封装和设计服务。未来若美国半导体产业产能增长率仍保持低位，则美国只做设计或封装的半导体生产商将不断增多，从而将加剧元器件制造在东亚等地区的外包，使美国半导体工业陷入恶性循环。此外，军用电子元

器件安全遭受威胁是美国半导体工业基础面临的又一问题。

（2）提出保障美国半导体供应链完整性的三项措施

为了保持美国半导体工业的长期竞争力和创新活力，针对上述问题，CSIS提出以下三项措施。

第一，美国政府需进一步制定有利于半导体产业发展的政策，并建立更有效的政策实施机制。例如，此前尽管美国政府鼓励国防承包商从可信制造商手中购买电子元器件，但却未建立切实可行的实施机制，也未解决因使用可信供应服务而带来的成本上升问题。

第二，国防承包商应加强与元器件生产商的合作。例如，国防承包商可建立激励机制，鼓励元器件生产商提高产品性价比，以避免因使用可信供应服务而带来的成本上升等问题；国防承包商在与元器件生产商签订合同时，要增加防范以次充好的条款；元器件生产商应就晶圆工艺的变化及时与国防承包商沟通，以保证元器件生产商既能紧随先进工艺的发展，又能满足国防承包商对元器件长期、稳定的使用，以避免因维持低效、过时生产工艺而导致元器件生产商生产能力的衰退。

第三，建立强强联盟。例如，在先进材料方面，可与日本开展合作，共同开发具有竞争力的国防前沿技术。

CSIS称，在美国本土建立先进、稳固的半导体工业基础，将有利于元器件生产商在下调价格的同时仍保持旺盛的创新活力；有利于国防部在成本日益增加的情况下仍可使用高技术电子元器件；有利于降低伪冒元器件和外国对资源控制的风险；有利于确保美国半导体供应链的完整性。

二、保障国防电子投资力度

受国防预算整体下滑的影响，2009—2014财年，美国在国防电子领域的预算也呈下降趋势，但美国政府对网络与信息技术、赛博空间等领域的投资却呈上升态势，显现出美国政府对这些领域的重视程度和支持力度。

（一）美国发布国防预算优先事项与选择，明确国防预算重点支持领域

2013年4月，美国国防部发布了《2014财年国防预算的优先事项与选择》（以下简称《2014优先事项与选择》），将继续为国防电子技术发展提供大量经费支持。《2014优先事项与选择》明确将赛博安全，太空，机载情报、监视与侦察（AISR），指挥、控制与通信（C3），工业基础及能源作为美国国防部着力保护和重点投资的关键领域。

（二）美国将优先向赛博及网络与信息技术等领域提供经费支持

在赛博领域，根据英国路透社数据，2014财年，美国共申请经费47亿美元，比2013财年增加8亿美元，将为提升赛博训练质量和增加赛博人员数量提供经费支持。2014年，美国国防部将资助美国将现有赛博部队重组为三个承担不同任务的赛博部队，即负责保护网络的赛博保护部队，负责削弱对手赛博能力的赛博战斗任务部队，以及负责支持国家基础设施防御的国家任务部队。

在网络与信息技术领域，从2013年5月美国国家科学技术委员会（NSTC）网络与信息技术研究与开发子委员会公布的《网络与信息技术研究与开发计划》中可以看出，2014财年，美国政府部门将申请39.68亿美元的研发预算，将比2013财年的申请额增长1.60亿美元，同比增长4.2%。

三、推动国防电子企业兼并重组

在企业重组并购方面，2013年国外军工企业重组与并购活动继续保持着活跃态势。一方面，受不稳定经济环境，以及美欧主要军事国家国防预算不断缩减的影响，军工企业要继续开展并购活动，以减少国防和

联邦政府预算削减带来的不利影响；另一方面，为增强企业国际竞争力，俄罗斯等国军工企业也要继续开展重组与并购活动。

（一）通过重组减少预算削减带来的不利影响

1. 美国科学应用国际公司将拆分为两个公司

美国科学应用国际公司将于2014年1月底前拆分为两个公司，原公司的IT与技术服务业务部将独立成为一个公司，沿用科学应用国际公司的名称，主要提供基础性技术服务和企业信息技术解决方案；原公司的其他部门将组建名为雷德斯（Leidos）的新公司，主要提供国家安全、工程和卫生方面的解决方案。科学应用国际公司表示，此次拆分对公司未来发展意义重大：一是有利于公司集中管理，减少组织机构间的利益冲突；二是有利于公司保持竞争力；三是有利于减少国防和联邦政府预算削减带来的不利影响。

2. 美国雷神公司对其业务进行合并

2013年3月，美国雷神公司宣布对其业务进行合并，以实现业务精简和生产率的提高。调整后，雷神公司主要由四大业务分部构成：情报、信息与服务部（由情报和信息系统、雷神技术服务业务合并而来），一体化防务系统部，导弹系统部，空间和机载系统部，这四大业务分部都会因之前的网络中心系统业务的重组而有所扩张。雷神公司的新架构已于2013年4月1日生效。雷神公司董事长兼首席执行官威廉·斯万森指出，雷神公司的新架构将有助于公司在充满挑战的国防和航空航天市场环境中提高生产率、灵活性和经济可承受性。由于公司将继续在竞争日益激烈的预算环境下经营，因此，提高业务水平、扩展全球市场及协调发展机遇的能力都将至关重要。

（二）通过重组并购增强企业国际竞争实力

1. 俄罗斯军工企业将通过合并提升国际竞争力

2013年3月，在庆祝俄罗斯军事工业委员会成立60周年的大会上，总理梅德韦杰夫要求俄罗斯军工企业继续开展合并，以增强企业国际竞争力，并强调这是俄罗斯经济发展的关键。梅德韦杰夫表示，2013—2015年，俄罗斯国防工业增长率有望达到10%。由此可见，俄罗斯国防工业对整个国家经济的发展至关重要。目前，俄罗斯共有61个大型军事工业综合体，包括771个大型企业，其产值超过国防工业总产值的74%。到2020年，俄罗斯将形成40个大型科研生产联盟。

2. 日本电气并购赛博防御研究所，将企业业务范围扩至全球

为加强针对赛博攻击的应对措施，日本电气与“株式会社赛博防御研究所”签订协议，购买该研究所的全部股份。2013年3月，该研究所成为日本电气的全资子公司。

赛博防御研究所在安全脆弱性诊断方面拥有领先技术优势，主要提供安全脆弱性诊断、赛博演习及培训服务。日本电气长期致力于开发赛博攻击应对系统，通过此次收购，日本电气在其原有解决方案的基础上，强化了其赛博安全专业人才力量，实现了其他公司所不具备的提供全套赛博安全解决方案的能力。

日本电气表示，此次并购将有助于提升企业国际竞争力，将企业业务扩至全球。

四、国防电子工业能力提升明显

在多方面措施的影响下，美国、欧洲等国家和地区国防电子工业能力提升明显。

（一）美国先进制造能力发展迅速

2013年，美国在先进制造（尤其是增材制造）领域能力提升迅速，增材制造设备及工艺取得多项重要进展。

在设备方面，2013年3月，美国西格玛实验室与互动机器公司签署谅解备忘录，计划研制下一代增材制造设备。与目前可用的增材制造设

备相比，新设备将制造产量提高 10 倍以上，两家公司将于 2014 年第三季度对新设备样机进行演示。这类增材制造设备的研制，将为实现金属零件快速、批量生产提供保障。

此外，美国国家航空航天局（NASA）与太空制造公司合作，研制能在太空环境下实现硬件增材制造的先进制造设备。2013 年 2 月，太空制造公司获得 NASA 马歇尔太空飞行中心的合同，开发第一台太空增材制造设备。2013 年 5 月，NASA 表示，将于 2014 年联合太空制造公司将首台增材制造设备送入太空，以在真正的太空环境下对其进行测试。

在增材制造工艺方面，2013 年 1 月，美国西亚基公司在宾夕法尼亚州立大学成功演示了电子束快速成形技术。该技术是一项基于增材制造原理的制造技术，它结合了计算机辅助设计，利用先进的电子束焊接技术和逐层堆积技术，制造接近成形的零件。电子束快速成形是目前唯一大规模完全可编程的技术解决方案，使用材料包括钛、钽、铬镍合金等高价值金属，利用该项技术所制造的零件已在洛克希德·马丁公司的 F-35 战斗机上使用。此项技术的突破将为大型复杂整体金属结构的高性能、低成本的增材制造工艺发展奠定良好基础。

2013 年 5 月，美国通用电气航空集团与西格玛实验室签署技术协议，联合开发航空发动机零件增材制造的过程检测技术。相对于“生产后”检测，金属零件增材制造过程检测技术是一项实时、无损过程检测和制造工艺闭环控制技术。它可在金属零件增材制造过程中，实时检测金属零件的几何形状和温度场，并同几何形状与温度场的预设值进行比对与分析，通过智能判断和反馈控制调整工艺参数，从而提高金属零件增材制造工艺的稳定性。

（二）欧美基础电子制造能力得以加强

欧洲方面，2013 年 5 月，欧洲纳米计划顾问委员会联盟（ENIAC-JU）启动了一项为期 3 年、总投资 3.6 亿欧元的芯片试产线建设项目，以促进欧洲先进全耗尽绝缘体上硅（FDSOI）芯片制造能力的建设。至此，连同 ENIAC-JU 在 2013 年年初启动的 4 个试产线建设项目，欧洲已开始全面加强其在先进集成电路、氮化镓（GaN）、450mm 晶圆、下一代微机电系统（MEMS）和功率器件等关键芯片领域的生产制造能力。欧盟希望可借此加快欧洲芯片技术发展速度，提高芯片性能和成品率，满足欧洲未来十年的需求，在 2020 年实现欧洲芯片产能翻倍，并达到占世界总量 20%的目标。

美国方面，2013 年 1 月，美国 DARPA 宣布，将在未来 5 年联合高校和产业界建立“半导体技术先期研究网络”（STARnet），研究可替代 CMOS 的下一代新型器件及应用系统，确保美国半导体行业的持续增长及其全球领先地位。STARnet 总投入 1.94 亿美元，由美国半导体研究联盟负责，以 6 所大学的半导体研究中心为核心，IBM、英特尔等 10 家知名半导体公司及 39 所大学共同参与。

五、国防电子产品市场态势良好

2013 年，多家预测公司对未来十年的国防电子产品市场做出预测。预测数据表明，未来十年，全球军事通信市场、军用雷达市场、赛博战系统市场等发展势头均将十分强劲。此外，氮化镓与石墨烯等基础电子与材料市场也将快速增长。

（一）高效通信网络所带来的优势，将继续推动各国积极发展军用通信市场

2013 年 2 月，英国愿景公司（Visiongain）发布《2013—2023 年全球军用通信和商用现货市场预测报告》。报告指出，2013 年全球军用通信和商用现货市场规模达 174 亿美元。由于先进、有效的军用通信网络将提高作战优势，因此，多国继续对这一领域进行投资，努力改进现有的网络结构，并投资开发新型卫星通信技术。愿景公司预测，未来十年

全球通信和商用现货市场投资仍将十分强劲。

（二）新兴市场的投资及先进武器系统的开发，将推动雷达市场发展

2013年5月，英国愿景公司发布了《2013—2023年全球军用雷达系统市场分析报告》。根据此项报告，2013年全球军用雷达系统市场规模为85.7亿美元。报告分析指出，目前全球军用雷达系统市场正处于不断变化的状态，其核心市场虽以少数几家大型供应商为主导，但多个新的小型供应商正广泛参与新兴领域的竞争。报告同时指出，在军用雷达系统领域，多个成熟市场正面临着国防预算缩减的不利影响，但各国对新兴市场的投资及先进武器系统的开发，将继续推动未来几年雷达市场的发展。

（三）赛博攻击数量的不断增加，将使全球赛博战系统市场持续增长

随着信息和通信技术在战争与非战争领域的重要性日益增长，宇航防务集团（ASD）对2023年前全球赛博战系统持续强大的开支情况进行了预测：全球赛博战系统市场开支将从2013年的111亿美元增长到2023年的194亿美元，年复合增长率为5.77%。这一显著增长主要原因在于赛博攻击数量的激增，以及赛博犯罪技术的不断进步。

宇航防务集团预计，北美地区将引领全球赛博安全市场。2013—2023年，美国将在赛博安全领域投资935亿美元，约占全球市场份额的56%。其同时预计，到2023年，亚太市场将可能超越欧洲成为第二大赛博安全市场，市场份额约为14%。此外，赛博战也逐渐被南美国家所关注，预计巴西、墨西哥、哥伦比亚、委内瑞拉和智利在未来十年将成为赛博安全领域的重要开支国家，以抵御越来越多的赛博攻击，保护其国家的网络系统。

（四）应用领域的扩展，将使氮化镓微电子市场加速增长

随着军事应用持续推动氮化镓（GaN）器件市场发展，其商业应用已经形成，这将有助于加速 GaN 市场增长。美国战略预测公司最近发布的《2012—2017 年 GaN 微电子市场报告》指出，2012 年整个 GaN 微电子器件市场收入略低于 1 亿美元。该报告还预测，商业的射频与功率管理应用在预测期内将开始大幅增长，这将推动 GaN 整体市场到 2017 年达到 3.34 亿美元。该公司表示，有线电视和无线基础设施等商业市场的大幅增长，将促进 GaN 市场增长。当然，尽管商业应用领域将快速增长，但军事应用仍将占据 2017 年 GaN 器件市场收入的一半以上。GaN 器件在军事领域的优势显而易见，这将持续不断地推动 GaN 市场规模的增长。

（作者：宋潇）

国外促进中小企业参与国防建设的主要举措

中小企业具备创新性及灵活性优势，是众多创新技术的发源地，也是国防建设不可或缺的重要力量。一直以来，国外都非常重视发挥中小企业的巨大作用。美国国防部在2011年《年度工业能力报告》中指出，国防工业基础的扩大不能忽视中小企业的重要性。国防主承包商获得的2/3～3/4的合同拨款额都花费在分包商或下游企业的产品和服务上，而这些企业多为中小企业。鉴于此，《年度工业能力报告》将“给予中小企业同等关注”作为国防工业发展目标之一。

然而，中小企业在参与国防建设时面临着获取国防信息的渠道不畅通、技术成熟度不足，难以满足国防需求等众多问题与挑战，阻碍了中小企业作用的发挥。与此同时，随着近年来美、欧等国家和地区进入预算下降通道，一些中小企业也因需求下降而面临困境。

为应对上述挑战，国外采取了多项重要措施、通过多种形式来避免或解决上述问题，以维持关键中小企业的能力，并促进其参与国防建设。分析国外促进中小企业参与国防建设的主要做法，以下举措值得借鉴。

一、制定具体项目计划，为中小企业参与国防建设提供资金支持

中小企业在创新效率和周期方面优于大型企业，但创新成本及风险明显超出中小企业承受能力，创新优势难以发挥。为应对这一挑战，美国、法国、英国均实施了中小企业相关计划，为其创新提供资金支持。

（一）美国长期实施“小企业创新研究计划”和“小企业技术转移计划”

美国政府长期实施“小企业创新研究计划”（SBIR）和“小企业技术转移计划”（STTR），为小企业提高研究与创新能力提供资金支持，以促进小型技术公司创新能力的发挥，为美国军事和经济实力做出贡献。

当前，美国法律要求，研发预算规模达 1 亿美元及以上的联邦政府部门，须制定并实施小企业创新研究计划，将一定比例的研发预算用于支持与其任务有关的小企业，且须不断提高这一资金比例。20 世纪 80 年代，美国要求联邦政府研发预算资金中用于支持小企业的资金比例不得低于 0.2%，而美国在《2012 年国防授权法案》中对小企业创新研究计划进行重新授权时要求，这一资金比例在 2013 财年不得低于 2.7%，到 2017 财年不得低于 3.2%。

按照要求，美国国防部制定并实施了 SBIR/STTR 计划，每年公布若干项小企业创新研究项目征询书和小企业技术转移项目征询书，支持小企业参与国防项目。

国防部“小企业创新研究计划”为小型技术公司的研发项目提供早期资金，这些研发项目既服务于国防部的需求，同时又具有商业化潜力。国防部“小企业技术转移计划”资助由小型企业和研究机构（如大学、联邦政府资助的研发中心、非营利性研究机构等）共同参与的合作研发项目。设立“小企业技术转移计划”，是为了建立将美国研究机构和小企业的概念推向市场（既包括私营部门，也包括军事用户）的有效渠道。

国家航空航天局（NASA）也同样设有 SBIR/STTR 计划。2013 年 4 月，NASA 从 216 家美国小企业中挑选出了 295 项研究和技术选题，将其纳入 SBIR/STTR 计划，潜在合同价值总计约为 3870 万美元。SBIR 旨在解决 NASA 任务中的具体技术缺口问题，NASA 已有多个项目从 SBIR 计划受益。STTR 计划则旨在通过小企业团队为研究机构的技术成果转化提供便利。

（二）法国推出“中小企业国防协定计划”

为持续对中小企业创新提供财政支持，加快帮助其从研究阶段过渡到国防技术发展阶段，2012 年 11 月，法国国防部发布“中小企业国防协定计划”，从四个方面着手促进中小企业参与国防建设。一是改进国防采办流程，使中小型企业的活动更好地与国防部的采办策略相一致；二是提高针对中小企业的资金支持力度，协助其完成国防技术转化，同时要求巩固财政资金对创新型中小企业的长期支持，将用于扶持中小企业创新的贷款计划提高至 4 亿～5 亿欧元，以推动两用技术的发展；三是调整国防部与大型军工合同商合作的双边协议，并在双边协议框架内鼓励中小型企业的发展。

（三）英国实施“中小企业研究计划”

英国商业、创新与技能部下属技术战略委员会 2013 年 5 月发布的《2013—2014 年交付计划》（以下简称《计划》）指出，2013—2014 财年英国支持创新的预算将达到 4.4 亿英镑，其中 60%将用于支持中小企业的创新发展。《计划》将对 75 个新的竞争项目投资 3 亿多英镑，其中针对“中小企业研究计划”（SBRI）的预算将达到 1 亿英镑。

二、公开非敏感国防需求信息，为中小企业参与国防建设提供重要参考

中小企业无法参与国防建设的重要原因之一是难以了解国防需求。为解决这一问题，澳大利亚政府采取公开非敏感国防需求信息的方式，为中小企业提供了解国防需求的新渠道。此外，法国也主张提升中小企业分包商的信息获取能力。

（一）澳大利亚国防部通过政府网站公开国防项目信息

澳大利亚通过国防部国防物资局网站公布《国防能力计划》，利用该

计划对外公开发布澳大利亚国防需求重点，并提供除敏感项目以外的国防项目采办信息，帮助工业界特别是中小企业了解国防需求信息，进而有针对性地参与国防建设。

2013 年 2 月，澳大利亚又在其国防部国防物资局网站公布首份《澳大利亚工业能力（AIC）项目》，公开大型国防承包商承担的国防电子、航空航天、舰船等领域的相关项目信息。这是继年度《国防能力计划》后，澳大利亚对外公布国防需求信息的又一渠道，为中小企业了解并参与国防采办及维修保障项目提供了机会。

按照规定，已与澳大利亚国防部门签订重大国防能力合同的合同商，均需发布公开的 AIC 项目，以便中小企业有机会参与这些重大合同项目。AIC 项目将分为五类：航空系统、地面系统、海上系统、航天系统、电子系统。目前，BAE 系统澳大利亚公司、CSC 澳大利亚公司和超级电子阿瓦隆系统公司，已向澳大利亚工业界提供了首批三份公开的“AIC 项目”，主要是电子系统类。

（二）法国主张提升中小企业分包商的信息获取能力

法国在“中小企业国防协定计划”中指出，国防部与大型军备供应商签署的双边协定，要做出有利于中小型企业发展的承诺，如加强中小型企业分包商的信息获取能力等。为此，法国采取以下措施：

一是由国防部提供支持，将中小型企业的创新融入大型承包商的武器装备系统开发过程之中，使中小型企业与大型承包商之间建立良好的合同和财务关系，帮助中小型企业获得主流市场信息，并为其提供所需的法律援助。二是优化政府网络系统，增加政府机构需求方面的信息。

三、建立大型企业与中小型企业间的合作关系，为中小型企业参与国防建设搭建桥梁

中小型企业具备技术创新优势，容易取得技术突破，但其技术成熟

度相对较低，距离实际应用尚远。为此，国外在大型企业与中小型企业间建立广泛合作关系，发挥大型企业信息、资金、知识、人员优势，帮助小型企业的创新技术快速走向成熟，进入实际应用，为中小型企业提供参与国防项目的平台。

以美国为例，大部分中小型企业主要通过与大系统集成商合作的方式间接参与国防建设。中小型企业与大型企业的合作方式多样：

一方面，可通过并入大型企业的方式参与国防建设。美国国防部表示，在这一方式下，确保中小型企业的创新能力不会因并入大型企业而丧失或受到限制至关重要。

另一方面，在保持中小型企业独立性的前提下，与大型企业签署帮扶协议，或参与大型企业与中小型企业建立的合作联盟之中。例如：

在签署帮扶协议方面，美国雷神公司2013年与ISYS技术公司签署了一项为期两年的由美国空军资助的帮扶项目协议。ISYS公司将参与雷神公司的一些项目，并将利用雷神公司的专业知识和资源提升竞争力。两家公司将合作为美国国防部、国家航空航天局、空军等提供复杂的赛博安全解决方案。此外，洛克希德·马丁公司也与一家从事制造技术研发的中小型企业西亚基公司签署帮扶协议，助其建设基础设施，并提升制造能力，以支持国防部及主承包商未来需求。在此帮扶协议下，西亚基公司电子束直接制造技术取得重大突破，并已在航空航天领域得以应用。

在建立合作联盟方面，洛克希德·马丁公司于2013年3月宣布成立洛克希德·马丁硅谷联盟，与硅谷中小型企业建立了合作关系，借助中小型企业在云计算技术、生物识别技术、信息管理技术、建模和仿真技术、光电技术以及纳米技术等领域的创新优势，为国防部、国家航空航天局及其他政府机构提供创新性技术解决方案。

四、改进采办机制，为中小型企业进入国防供应链提供便利

长期以来，各国国防采办流程过于繁琐和复杂，国防供应链准入门

槛高，中小企业难以进入。为此，法国及英国国防部均对国防采办流程予以改进，为中小企业进入国防供应链提供便利。

（一）法国国防部要求修订采办政策，改进采办流程

法国国防部“中小企业国防协定”要求修订采办政策，改进采办流程，减少阻碍中小型企业获得国防部市场订单方面的不利因素，并修改付款条件。国防部将依据采购策略，对不同级别的企业进行系统分析，规定列入采购进程的中小型企业的规模。“中小企业国防协定”规定，1.5万欧元以下的合同应优先考虑中小型企业和超小型企业，政府日常采购量的 2%要来自创新型中小型企业以加强中小型企业与重要买家或大型合同商之间的联系；简化相关行政命令条款，调整市场准入的金融门槛标准；同时，要促进中小型企业与买家之间的交流，确定其需求和问题，协助其参与大型军工企业的出口项目。

（二）英国要求国防部分阶段实施采办流程改进，为中小型企业提供便利

2012 年 2 月，英国国防部发布了题为《通过技术确保国家安全》的国防工业政策白皮书，提出要支持中小型企业发展，优化供应链基础。白皮书明确指出，将继续为中小型企业提供更多的支持，充分挖掘中小型企业在满足国防和安全需求方面的潜力。国防部将简化采办程序，增加中小型企业获取采办合同的机会，并将其非竞争性合同价值的 25%优先分配给中小型企业。

2013 年 3 月，英国公布《国防部中小型企业行动计划》，要求国防部分阶段实施采办流程改进，为中小型企业提供便利。此外，该计划还要求简化合同书，采用标准化合同；开发国防部电子采购系统，并扩大其使用范围等。

五、几点认识

一是具备一定技术专长和创新能力是中小型企业参与国防建设的必要前提。国外政府机构、大型企业选择中小型企业参与国防项目时，注重考察中小型企业的技术专长及创新能力，筛选条件严格。

二是逐步公开国防需求信息是促进中小型企业参与国防建设的必经之路。安全、保密问题一直是决定国防需求信息是否公开及公开程度的重要因素。近年来，为吸引工业界特别是中小型企业参与国防建设，国外政府机构逐步公开非敏感国防需求信息。

三是积极发挥大型企业的引导作用是促进中小型企业参与国防建设的重要途径。国外采取“成立技术联盟”、“签署帮扶协议”等多项措施，积极发挥大型企业对中小型企业的帮扶与引导作用。

（作者：宋潇　田素梅）

俄罗斯促进国防电子工业发展的重要举措

苏联曾是世界国防电子工业强国之一，虽然在解体时俄罗斯继承了其大部分“衣钵”，但受“生产规模萎缩、经费不足”等因素影响，错过了20世纪90年代的高速发展期，致使电子工业成为俄罗斯国防工业发展的瓶颈。2012年12月，俄罗斯政府颁布了《2013—2025年电子和无线电电子工业发展国家纲要》（以下简称《纲要》）。《纲要》是落实《2025年前电子工业发展战略》（以下简称《战略》）的第二个阶段性指导文件，旨在进一步加强电子工业基础能力建设、挖掘创新潜力、提升国际竞争力，为武器装备提供必备的电子产品。鉴于我国与俄罗斯国防科技工业体系有诸多相似之处，回顾俄罗斯国防电子工业近年发展，下列做法值得借鉴。

一、制定发展战略，明确阶段性任务

俄罗斯国防电子工业承担着电子元器件和特种、专用（主要是军用）产品的研究、生产、维修和回收利用等工作，并参与消费类电子产品生产。为在20年内缩短与先进国家的差距，“重新夺回在军事技术领域的领先地位”，2007年俄罗斯出台了《战略》，明确提出2025年前俄罗斯电子工业将分三阶段发展：第一阶段（2007—2011年），以基础设施建设为重心，努力增加国产电子元器件的品种和产量；第二阶段（2012—2015年），重在加强机构重组与技术革新，努力提高电子工业整体能力；第三阶段（2016—2025年），实现电子工业的全面复苏。为确保各阶段目标的实现，俄罗斯先后于2007年11月和2012年12月出台了两个阶段性的目标纲要，即《2008—2015年电子和无线电电子工业发展目标纲要》和《2013—2025年电子和无线电电子工业发展国家纲要》。这“一主两副”的战略规划对 2025 年前俄罗斯国防电子工业的发展进行了全面、系统的规划，为其快速、持续发展提供了有力保障。经过几年发展，到 2011 年年底，俄罗斯电子工业的年生产总值已达 120 亿美元，并创造了 27.5 万个就业岗位。

二、重视电子元器件研制工作，为国防电子工业快速发展奠定基础

为夯实国防电子工业基础，《战略》以电子元器件为突破口，将超高频电子、抗辐射、智能传感、半导体工艺、微电子封装等技术列为优先发展方向，并将标志其先进水平的纳米级制造技术作为评价战略实施效果的基本指标（2025 年要达到 10 纳米）。同时，采取一系列举措促进电子元器件设计与制造技术的发展，如组建国家设计中心网，以及跨部门的掩模设计和制作中心；制定纳米技术发展战略及纳米工业基础设施发展专项计划；成立俄罗斯纳米集团公司等。2010 年，俄罗斯首个 90 纳米芯片研制成功，2012 年实现量产，俄罗斯成为世界上第八个具备 90 纳米级芯片研制能力的国家，基本实现了第一阶段目标。

三、政府发挥主导作用，提升国防电子工业整体实力

2012 年 9 月，俄罗斯国家杜马审议通过了《俄罗斯联邦先期研究基金会法》，成立先期研究基金会。该基金会是类似于美国防先期研究计划局（DARPA）的机构，旨在组织开展涉及国防安全的基础科学和应用科学领域的突破性、高风险技术研发，以加强先期技术研究，推动电子元器件的基础技术发展，实现技术自主。

此外，俄罗斯政府还兴建了多个创新园区，包括 2006 年建立的泽廖诺格勒创新与技术中心（又称“俄罗斯硅谷”）、2010 年建立的斯科尔科沃创新中心（又称“俄罗斯新硅谷”，计划 2015 年前拨款 850 亿卢布），

以及目前正在筹备的军事创新中心，通过专项投资、税收优惠等政策建立包括微电子、纳米技术在内的信息、通信等产业集群，振兴俄罗斯电子工业的发展。

四、注重与民用科技合作，发展军民两用技术，以形成合力

“扶持中小型企业，发展军民两用技术”是《纲要》中发展军民技术的主导思想。电子元器件及电子工业属于军民两用型工业，俄罗斯吸取苏联时期过度发展国防工业的教训，将发展军民两用技术作为提高俄罗斯自主研发能力的重要手段。普京在 2012 年竞选纲领中明确指出，“如果不与民用科技部门开展合作，不去挖掘顶尖院校和科研中心的潜力，军事研究就不可能取得长足发展”。《2020 年前全面改进俄罗斯国防工业综合体计划》中提出，建立军民联合集团，鼓励私人企业加入国防科技的研究与生产，利用民用资源服务国防科技。同时，主张国家与私营企业建立“合作伙伴”关系，对参与军品研制的民营企业予以税收、减息等政策优惠，鼓励、吸引多方资源（包括资金和技术）共同提升国防电子工业的整体实力。

五、着力解决国产化问题，提高俄制国防电子产品的竞争力

《战略》明确指出，俄罗斯国防电子工业首要任务是解决武器装备中 70%电子元器件依赖进口的问题，认为国产化是“迫切需要解决的战略性问题”。在《纲要》中，将具有军事战略意义且技术储备雄厚的专用电子技术作为优先发展方向，鼓励科技创新和获取专利，加大对科技成果转化的支持力度，在提高俄制国防电子产品国际竞争力的同时，满足国内空天防御、C4ISR 及高性能武器装备对国防电子产品的需

求。2025年，俄制电子产品在国内外市场所占份额要从2011年的17%和0.3%分别提升到40%和0.8%，其中高技术产品要比2011年增长5.4倍。此外，俄罗斯还通过限制进口、改善投融资环境等方式，扶持和保护本国国防电子工业发展。

（作者：薛力芳　由鲜举　王润森）

《俄罗斯联邦〈工业发展及其竞争力提升〉国家纲要》解读

斯诺登事件使俄罗斯政府清醒地认识到，必须要加速推进本国工业发展，特别是要加快关键技术和产品的研发速度，以替代进口产品。2013年7月29日，主管国防工业的副总理罗戈津公开表示，“斯诺登事件再次表明，用于国防工业的电子元器件必须实现国产化，以规避黑客入侵的危险”。其实，早在普京重新入主克里姆林宫伊始，俄罗斯政府就根据其重塑大国地位的战略需要，开始对工业发展进行重新规划，并于2012年年底，公布了统领未来工业发展的纲领性文件——《俄罗斯联邦〈工业发展及其竞争力提升〉国家纲要》（以下简称《纲要》）。

《纲要》指出，2020年前俄罗斯政府要动用国家力量挖掘工业潜力，建立“具有竞争力的、稳固的、结构平衡的工业”体系，保障工业“高效发展”，并建立有利于持续提升企业竞争力的系统化促进机制，从而有效完成“保障国防的任务”。为全面了解俄罗斯未来工业发展的方向和重点，现对其进行解读，以供借鉴。

一、《纲要》出台的背景及意义

苏联解体后，受整体经济形势制约，俄罗斯政府虽积极推进工业转型，但并不成功。尽管某些领域成功吸引了投资，更新了设备，并引入了先进的管理和经营理念，发展较为迅速，但大部分企业却因缺少必要的资金支持，技术升级缓慢，产品竞争乏力，发展形势严峻。

为提升综合国力，2008年俄罗斯出台《2020年前俄罗斯联邦社会经济长期发展构想》，明确提出未来其经济发展的战略目标是要“进入世界经济前五强”。为实现这一目标，普京在其正式就任总统的当天，就签署总统令，颁布国家长期经济政策，并责成政府要尽快出台国家层面的工业发展战略。正是在此背景下，俄罗斯工业和贸易部制定并于2012年年底颁布了《纲要》。

《纲要》的出台为俄罗斯工业的长期发展“指明了方向”，其顺利实施，将为俄罗斯工业的现代化和经济的多元化增加新的动力，有效提升俄罗斯工业企业的国际竞争力，降低其对国际市场的依赖程度。同时，还可对相关产业发展产生“极大的倍增效果”，对俄罗斯社会稳定与经济发展起到积极作用。

二、《纲要》的主要内容

《纲要》由1个总纲要及17个子纲要组成，全面规划了未来8年俄罗斯工业发展的优先领域、主要任务、转型方向、实施阶段、保障措施及预期成果等。

（一）确定了优先领域

《纲要》确定的优先领域是：新兴产业领域，如新材料（复合材料、稀有金属和稀土）等；传统消费类产品领域，如汽车工业、轻工业和民族手工艺业等；传统制造类产品领域，如冶金业、重型机器制造业、运输机器制造业、能源机械制造业、机床制造业、林业、农业机器制造业，食品和食品加工业、专用生产设备制造业和化工综合体等；标准和计量领域，如建立符合世贸组织规则的标准化体系、在苏联地域范围内建立和使用统一的国际标准等。

（二）明确了主要任务

《纲要》明确指出，重点要完成五方面任务：一是满足新兴行业发展和市场创建的需求；二是创造条件满足国内市场需求；三是扶持生产制造相关领域的发展；四是促进军工综合体的发展；五是统一标准和计量。

（三）指明了转型方向

《纲要》明确提出，未来俄罗斯工业转型将向四个方向聚焦：一是工业管理要向产品全寿命周期管理的方向发展，在设计阶段就要对产品维护和退出使用的相关指标和经费进行预估；二是工业领域的设计和制造过程将全部实现自动化；三是使用新材料和新工艺；四是建立“智能环境”（如智能交通、智能网络、智能化生产）下的新型工业基础设施。

（四）划分了实施阶段

为保障上述任务的落实，《纲要》分两个阶段实施：第一阶段，从2012年到2015年；第二阶段，从2016年到2020年。政府将在2015年年底前完成阶段性检查工作，以评估《纲要》主要任务的完成情况，及时修正国家工业政策的未来走向及优先方向，并选择最佳的实施途径。

（五）制定了保障措施

为确保《纲要》更好地落实，俄罗斯政府针对各子纲要的不同特点，明确了将要采取的主要措施，如表1所示，并计划投入2346.04亿卢布的财政预算资金，如图1所示。

表1 各子纲要拟采取的主要措施

子纲要名称	拟采取的主要措施
子纲要1 汽车工业	1.1 刺激各类汽车制造企业的发展； 1.2 刺激汽车运输设备更新，并鼓励采用新技术； 1.3 保护俄罗斯汽车市场，防止不符合俄罗斯现行技术规范要求的汽车进入； 1.4 保持对俄罗斯汽车制造企业产品的稳定需求； 1.5 刺激轴承生产组织的发展
子纲要2 农业机器制造业、食品和食品加工业	2.1 刺激农业机器制造企业、食品工业和食品加工业的发展
子纲要3 专用生产设备设施制造业	3.1 刺激专用生产设备制造企业的发展

（续表）

子纲要名称	拟采取的主要措施
子纲要 4 轻工业和民族手工艺业	4.1 刺激轻工业和纺织工业组织的发展； 4.2 实施支持和发展纺织和轻工业的中间检验方案，并对现有生产进行现代化改造，更新技术装备； 4.3 实施跨部门委员会制定的关于打击走私和产品侵权的决定； 4.4 扶持民族手工艺业及其产品的发展
子纲要 5 加速发展军工综合体	5.1 对军工综合体发展予以财政支持； 5.2 发挥军工综合体的人员潜力
子纲要 6 交通运输机器制造业	6.1 刺激交通运输机器制造业企业的发展； 6.2 支持交通运输机器制造业企业创新型发展； 6.3 在俄罗斯境内建立并组织柴油发动机及其新一代配件的生产
子纲要 7 机床制造业	7.1 发展本国的车床制造业和工具业
子纲要 8 重型机器制造业	8.1 采矿机器制造业和矿石加工机器制造业； 8.2 冶金机器制造业； 8.3 石油天然气机器制造业； 8.4 起重运输机器制造业
子纲要 9 电力工程技术和能源机器制造业	9.1 电力工程技术； 9.2 能源机器制造业
子纲要 10 冶金业	10.1 鼓励冶金产品质量及其竞争力的提升； 10.2 刺激冶金企业采取技术改造等现代化措施； 10.3 奖励本行业有关资源节约和节能的行动
子纲要 11 林业综合体	11.1 刺激林业综合体的发展； 11.2 发展林业综合体中的生物工程技术
子纲要 12 技术调控、标准化体系的发展及保障计量统一	12.1 发展技术调控手段和标准化体系建设； 12.2 保证计量统一，发展标准器具； 12.3 在技术调控、标准化及保证计量统一和提供信息保障方面开展科研和试验设计工作； 12.4 开展计量学的基础性研究、制定国家长度单位计量标准（包括制定第一阶段标准）的专项纲要
子纲要 13 化工综合体	13.1 发展俄罗斯化工企业并使其现代化； 13.2 在化工综合体中发展生物技术
子纲要 14 新一代结构性和功能性复合材料	14.1 刺激新一代结构性和复合材料行业的发展

（续表）

子纲要名称	拟采取的主要措施
子纲要 15　发展稀有金属和稀土工业	15.1 建立国家稀土储备； 15.2 发展稀有金属和稀土的原料基地； 15.3 发展工业领域的技术工艺； 15.4 刺激稀有金属和稀土生产； 15.5 为稀有金属和稀土生产提供保障
子纲要 16　现代个人防护设施和井下煤炭开采人员的生命保障系统	16.1 提高对生命和矿工健康保护的质量
子纲要 17　实施国家纲要的保障	17.1 对实施国家纲要的保障进行分析； 17.2 实施国家纲要的规范性法律保障； 17.3 向民用工业领域各组织提供资助； 17.4 对履行国际义务的保障； 17.5 对创新项目进行研究和跟踪； 17.6 对各组织的活动提供保障； 17.7 提供劳动报酬，采购及其他支付活动

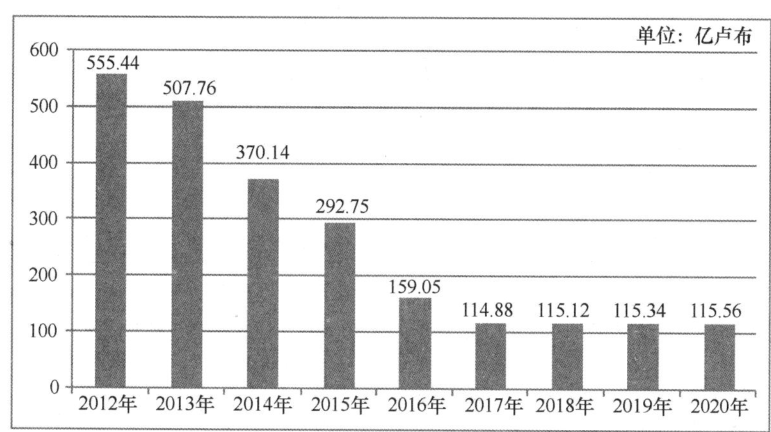

图 1　2012—2020 年政府拟向《纲要》投入的预算资金示意图

（六）预测了实施效果

《纲要》预测，经过近十年努力，到 2020 年俄罗斯工业的基础条件将得以改善，企业的竞争力将得以提高，特别是军工企业潜力将不断提升，基础性生产工艺将实现现代化，技术贸易壁垒将逐步消除。

三、《纲要》的特点分析

《纲要》具有以下四个特点：

一是对过去国家投入较少又急需发展的工业领域进行了统一规划，使之与传统优势工业领域形成互补，有利于共同打造俄罗斯工业的国际竞争力。

二是建立了动态调整机制，通过对各子纲要中期（2015年）评估发现问题并及时进行调整，以此来保障《纲要》确定的各项目标的最终实现。

三是强调建立完善的技术基础体系，制定了有关标准和计量的子纲要，希望通过标准和计量的统一，实现与国际市场的接轨，促进俄制产品走向国际市场。

四是鼓励预算外资金的投入，明确要求科研机构、生产和金融企业要参与《纲要》的执行。

四、与国防工业相关的子纲要

《纲要》中有4个子纲要均涉及国防工业，但详略各有不同。

（一）军工综合体快速发展子纲要（第五子纲要）

军工综合体快速发展子纲要（以下简称《子纲要》）是全面阐述军工综合体未来发展的子纲要，在综合分析俄罗斯军工综合体面临问题的基础上，对未来几年军工综合体发展进行了整体规划，并明确了重点方向和优先任务。《子纲要》认为，经过20年的调整改革，俄罗斯军工综合体的发展虽取得一些进展，但仍存在着诸如工艺技术流失，与先进国家技术差距仍在拉大，技术对外依存度仍在加剧，生产设备陈旧和老化现象严重，生产能力不足，企业发展资金短缺，熟练技术人才匮乏等问题，

“这些问题已成为俄罗斯军工综合体发展的瓶颈”。为此，要通过加速推进军工综合体的现代化改造和创新发展，缩小俄罗斯与世界主要发达国家在科技与工艺上的差距，发展高科技产业，为整个社会经济的稳定发展创造条件，巩固俄罗斯在世界高科技产品市场上的竞争地位。

1. 发展目标

《子纲要》明确提出，军工综合体未来发展的目标是通过加快技术工艺的现代化，形成竞争优势，并充分挖掘和发挥人才队伍潜能，将军工综合体在科学技术、生产工艺方面的潜力转化为“切实有效的创新型资源”，以带动整个国家工业的发展和竞争力的提升。

2. 重点扶持领域及优先任务

《子纲要》将特点鲜明又具有一定代表性的常规武器工业，以及弹药和特种化学工业列为重点扶持领域，并明确要优先完成下列任务：

一是提升常规武器工业，以及弹药和特种化学工业领域具备竞争力的军品生产能力，努力形成科技领域的优势并实现工艺技术的现代化；

二是提升军品质量，建立完善的军品质量保障体系；

三是广泛开展国际合作，将军品推向国际市场；

四是健全常规武器工业的组织体系，成立工艺技术和专业的科学研究机构；

五是对弹药和特种化学工业领域进行结构重组；

六是建立军工综合体新的管理中心和创新型基础设施；

七是对战略性、自成体系的军工企业予以财政支持，以保障国有企业稳定运转和保留通用型的实验基地；

八是保障军工综合体的创新发展，广泛利用军民通用基础设施进行多种产品生产；

九是挖掘军工企业中的人力资源和智力潜能，通过提高物质奖励激发人员积极性。

3. 资金投入

俄罗斯政府计划投入398.28亿卢布支持《子纲要》的实施，但同时也指出，有可能根据需要追加投资（投资总额有望达到950亿卢布）。国家投入将重点用来解决通用性试验平台的建设和维护、维持军工企业正常运转并防止其破产、构建一体化机构、偿还债务、企业重组、支付利息，以及为军工企业人员发放国家奖励等问题，以保证军工企业能够有效解决“保留基本生产工艺和相应动员能力”所需资金。

4. 预期效果

俄罗斯政府希望通过《子纲要》的实施，达到以下效果：一是常规武器工业，以及弹药和特种化学工业的科技和生产工艺潜力得以提升；二是建立新一代武器装备生产所必需的进口替代型产品生产体系，为武装力量换装提供必要的工业保障，并较好地解决进口替代问题；三是提升军工综合体产品的质量和竞争力；四是实现军工综合体产品产量的稳步、高速增长，提升对国内生产总值增长的贡献率和劳动生产率，增加创新型和出口型产品所占比重。

（二）其他相关内容

除第五子纲要外，第三、第七及第十五子纲要也分别从不同专业角度对国防工业发展的相关问题进行了规划。

1. 专用生产设备设施制造业子纲要（第三子纲要）

第三子纲要提出专业生产设备制造业要为国民经济发展及国防道路建设和机场建设提供保障，特别强调要支持创新型专用生产设备设施制造企业发展，鼓励研制、试验和设计领域的创新发展，计划增加投入以制造符合现代化标准、技术规范和安全要求的国产专用生产设备。

2. 车床工具工业子纲要（第七子纲要）

第七子纲要明确提出要“发展军民两用工艺，为战略性军品和民品生产企业服务”，要研制和批量生产有竞争力的制造设备，替代进口产品，最终“减小俄罗斯制造业和国防工业领域战略性企业（如航空制造业、导弹/航天制造业、造船业和能源机械制造业）对外国制造工艺设备的依赖”，更新工艺设备，提高车床制造和工具工业的科技和生产潜力。

为实现上述目标，俄罗斯政府应重点扶持下列创新性研发活动的开展：新的激光工艺；加工金属薄片工艺；多轴数控精密金属切割车床和锻压设备；特殊颗粒金属切割机；激光成型加工车床；精密电侵蚀车床；用于制造铸件模型的设备；自动热塑设备；利用逐层合成方法制造模型和配件的装置（如3D打印机）；用于缠绕和堆积的设备。

3．发展稀有金属和稀土工业子纲要（第十五子纲要）

鉴于稀有金属和稀土工业能够为通信、计算机、激光器、超导等军用和民用工业领域提供“具有特殊功能的产品”，在国家经济和国家安全领域发挥“极为特殊的作用”，为此编制了第十五子纲要，并将锂（Li）、铍（Be）、钽（Ta）、铌（Nb）4种稀有金属定义为战略性金属，明确提出该领域要为满足军用及民用生产要求及对外出口需求提供保障，要大力提升其竞争力，要对稀有金属和稀土生产过程中的关键技术进行开发和利用，要建立从原材料开采到终端产品的完整产业链条，要创造条件开发稀有金属和稀土资源，建立稀有金属和稀土的原材料保障机制。

五、几点认识

一是主张在相关工业领域建立与国际标准和世贸组织相关准则相一致的计量和标准体系，可使俄制产品具备更强的国际通用性，能够更好地被国际市场所接纳，为其进入全球市场创造条件。

二是通过发展军民通用的工业基础设施，在目前可有效缓解因生产任务、技术水平和资金保障不足对俄罗斯军工企业发展的制约。

三是注重发展原材料工业，明确提出要发展新一代结构材料和功能复合材料，以及稀有金属和稀土工业，因为其对国防工业乃至整个国家经济建设均至关重要。

（作者：由鲜举　李艳霄　王润森）

日本将效仿美国DARPA开展先期研究

2013年6月7日，日本政府颁布科技创新综合战略，提出制定“革新技术研发推进计划”（ImPACT 计划）。经过数月研讨，内阁综合科学技术委员会于2013年11月27日公布了该计划的框架思路。ImPACT计划以产出颠覆性的科技创新成果为目标，在综合科学技术委员会的监管下，参照美国国防先期研究计划局（DARPA）的运行模式，以项目经理为组织核心，推行富有挑战性的高风险、高影响力研发项目，并提供研发所需资金。

一、ImPACT计划推出背景

自20世纪90年代以来，日本经济持续低迷，长期以来强大的制造业面临新兴经济体国家的竞争和挑战，并由最初的“赢技术输贸易”演变为现在某些领域“技术和贸易皆输”的状况。为迅速扭转当前困境，安倍政权在成立不到半年的时间里，就连续推出了“大胆的金融政策”、“灵活的财政政策”、“日本复兴战略”三项重大改革措施，给长期低迷的日本经济带来生机。

为落实复兴战略，日本在2013年6月7日颁布的科技创新综合战略中，明确提出要推动科学技术创新，恢复“科技创造立国”的指导思想，大力加强研发投资，促进出口导向型技术研发，目标是将技术创新能力排名从目前的世界第五提升至世界第一。ImPACT 计划的创立是日本落实科技创新综合战略的一大举措，该计划将由日本综合科学技术委员会负责监管。

日本政府高度重视ImPACT计划的编制和实施。安倍首相在综合科学技术委员会会议上明确指出，该计划属于国家重点计划，是开拓日本国家未来的关键，是一种主动大胆的尝试，是支持富有挑战性的高风险、高影响力技术研发的新举措，日本要倾力推行其启动和实施。此外，日本内阁府将在 2013 财年的科技研发预算修正案中为 ImPACT 计划的启动安排大约 500 亿日元（约 5 亿美元）预算经费。

二、ImPACT 计划概要

ImPACT 计划将取代正在实施的“最尖端技术研发支援计划”，目前尚处构思和筹备阶段，随着 2013 年 11 月 27 日综合科学技术委员会第 115 次会议的召开，该计划框架思路逐步清晰。

（一）主旨和运行模式

ImPACT 计划立足长远，面向未来，通过组织富有挑战性的高风险、高影响力研发项目，将日本国内最高水平的研发能力、研发设计能力以及研发管理能力进行有效结合，开展颠覆性技术研究，以获得具有世界顶级水平的科技创新成果。

ImPACT 计划的运行将参照美国 DARPA 的模式，由综合科学技术委员会设定研究项目，严格遴选项目经理，将研发的策划、执行以及管理相关权限下放给项目经理，期望通过灵活的管理模式推动科学技术的创新。此外，综合科学技术委员会强调，虽然 ImPACT 计划以 DARPA 运行模式为模板，但在制定具体的运行方式时，一定要考虑日本与美国创新环境的差异性及日本国内目前的现状。

（二）计划监管

综合科学技术委员会是 ImPACT 计划的监管机构，负责设定研究项目、聘任项目经理并对项目经理和研究成果进行评估。综合科学技术委员会下设革新技术研发推进委员会（以下简称“推进委员会”），由内阁大臣、副大臣、政务官以及专家议员组成，负责 ImPACT 计划的组织和实施。推进委员会下设革新技术研发推进项目专家委员会（以下简称“专家委员会”），由综合科学技术委员会专家议员和外部专家组成，负责项目计划和进度的评估（见图 2）。

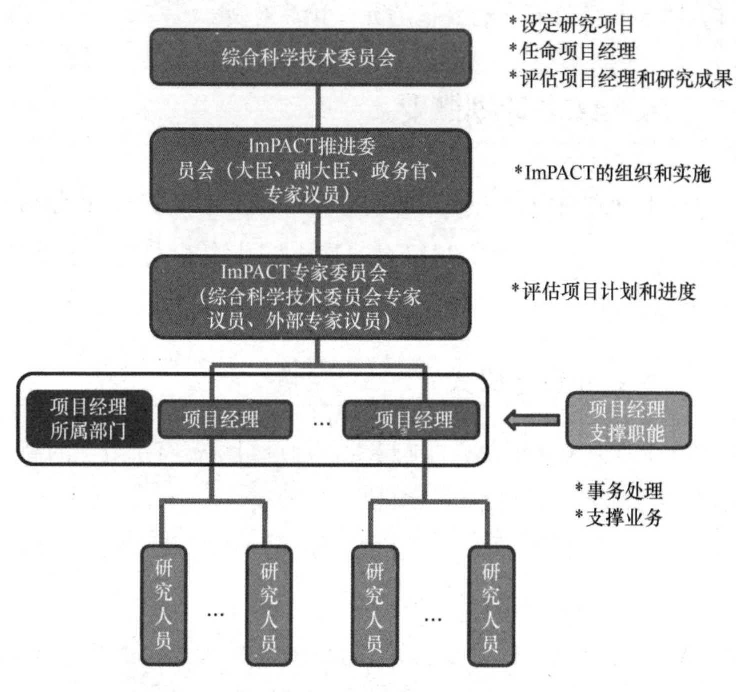

图 2　ImPACT 计划管理体制

（三）研究项目的选取

综合科学技术委员会主要从以下三个方面考虑并设定研究项目。

一是通过科技创新带来颠覆性的模式转变，大力提升产业竞争力并可为丰富国民生活做出巨大的贡献；二是通过颠覆传统观念的科技创新产出，解决日本社会经济领域所面临的严峻挑战；三是具有潜在军事用途的军民两用技术。

截至 2013 年 11 月，ImPACT 计划已公布了四个可开展的研究项目，包括无人机、机器人、大数据利用系统，以及犬鼻仿生技术。其中，无人机用于灾害搜救，可自主飞行，全天时全天候巡视受灾现场，了解受灾者的状态和需求，并承担搜救、疏散、发放救援物资等工作；机器人能够在被放射性物质污染、人无法进入的场所开展工作；犬鼻仿生技术将用于癌症病患的检测。

根据 ImPACT 计划的筹备时间安排表，综合科学技术委员会将在近期确定 2014 年备选项目。

（四）项目经理的聘任和职责

1. 项目经理的聘任

ImPACT 计划的项目经理采取聘任制。综合科学技术委员会根据竞聘人员提交的项目计划书，对竞聘人的资质和实际成果进行评估，选定合适的人选作为项目经理。项目经理原则上应是专职，且应具备以下能力：

具备相关的研发项目管理经验、实际成果和潜在能力；拥有与所竞聘项目相关的专业知识和理解能力，能正确把握国内外需求和研发动态；通览广泛的技术和市场动向，拥有从多方位的视角看问题并制定项目实施方案的能力；具备优秀的领导才能，在完成项目目标的过程中能与研究人员保持良好的沟通；具备技术信息的收集能力，拥有同产业界、学术界以及政府之间建立的社会关系网络；拥有为实现高影响力的技术创新而努力奋斗的主观意愿；能简单易懂地阐述自己的构思和研究计划。

2. 项目经理的职责

项目经理不负责研发本身，而是承担项目整体的管理工作，扮演着“制片人”的角色，寻求研发成果的颠覆性创新。其主要职责是拟定研究计划，在权限和职责范围内，公开招聘项目研究所需的人才，在项目实施过程中可以根据需要采取加速、减速、中止或调整研究方向等灵活的措施。在可预见能取得与预期目标不一样但同样具有高影响力的创新研发成果时，项目经理可以对项目进行适当的修改和调整。研究计划有一定的自由度，如可以采取奖金激励的方式等。

项目经理可以在自己的权限内，构建管理业务的支撑体系（包括潜在需求动态调查、研发动态和人员调查、召开研究会、知识产权管理和国际标准制定等支撑业务）。从保证项目经理业务的效率考虑，所需的人力资源、行政资源以及物理资源要不拘泥于项目经理现有的支撑团队，且要灵活运用外部资源优势。另外，项目经理的工作地点，也不拘泥于项目经理的支撑部门，必要时，可以设置到支撑部门以外的其他地方。

为了给项目经理创造一个专注于管理业务的环境，在项目经理之下设立项目经理支撑部门，该部门是管理科研经费的法人机构，为项目管理提供支撑。该部门接受项目经理的指示，不仅处理与项目管理相关的采购、合同签订、经费管理等事务，还开展知识产权管理、制定国际标准、公共关系以及技术研发动态调研等支撑业务。

三、ImPACT计划影响分析

（一）科技创新的产出有望带来日本经济复苏

随着新兴经济体国家的崛起，在国际市场上，日本渐渐丧失了其技术上的比较优势。ImPACT 计划等一系列科技创新计划的推行，是日本落实“科技创造立国”指导思想的具体举措，能够大幅提升日本的技术创新能力，使其有望重返世界之巅。技术创新能力的提升还能带来产业竞争力的提升、产业规模的扩大、收益的增加以及就业机会的增多，以此带动日本经济复苏，实现经济的持续增长。

（二）将为日本的国家安全保障开发突破性技术

日本 ImPACT 计划虽然是由日本内阁综合科学技术委员会负责监管，但日本防卫省技术研究本部将在其中扮演核心角色。综合科学技术委员会在“2013 年防卫技术研讨会”上阐述了 ImPACT 计划的具体构想，并期待防卫省在该计划中充分发挥其核心作用。

目前，日本仅防卫省和少数企业从事军事技术研发。武器系统研制由防卫省技术研究本部负责，军事技术研究主要集中在少数从事军工生产的企业，如三菱重工，而日本的大学都回避军事科技研究。ImPACT计划将帮助民用企业，如消费类电子产品制造商夏普公司、陶瓷制品制造商京瓷公司，开发具有潜在军事用途的技术。可见，以产出颠覆性的科技创新成果为目标的 ImPACT 计划将通过具有潜在军事用途的技术研发，为国家安全保障开发突破性的技术。

（三）将为日本国防工业的发展注入新的活力

战后，由于和平宪法和武器输出三原则的限制，日本国防相关企业对武器装备生产的依赖度不高，整个国防工业规模小、生产效率低，且在日本国内成立专门的军工企业很困难。与此同时，冷战结束后，世界其他发达国家的国防工业都走向了集约化、规模化以及国际化的发展之路。

为此，日本放宽武器出口三原则，允许日本企业以和平及国际合作目的，与美国之外的企业共同研发和生产武器装备，以及向海外出口联合研制的武器装备，为日本国防工业走向世界形成铺垫。日本实施 ImPACT 计划，研发出口导向型技术，不仅从源头上加强了军事技术的研究，提高了日本国防工业在国际上的技术竞争力，而且有利于通过外销降低成本并实现内哺，使得日本武器装备研发、生产、出口形成良性循环，为其国防工业的发展注入新的活力。

四、几点认识

一是虽然日本极力掩饰和回避 ImPACT 计划推出的真实目的，但从日本防卫省技术研究本部将在其中扮演的核心角色以及开展具有潜在军事用途的先期技术研究等可以看出，该计划的真实意图在于推动国防科技的发展，助力武器装备的研发，加速国防工业的崛起。

二是国防先期技术研究得到多个军事强国的高度重视。武器装备向高技术化方向发展，对技术支撑和导向的要求越来越高。美国长期重视先期技术研究，国防科研队伍庞大，资金投入雄厚。俄罗斯成立先期研究基金会，夯实先进技术储备，为先期技术研究注入新的活力。法国不断出台基础研究规划，推动相关研究工作。日本实施 ImPACT 计划亦是其科技立国，加强国防科技创新之举。

三是 ImPACT 计划的实施充分借鉴了美国 DARPA 的模式。在项目选取上，注重“高风险—高影响力”的项目，具备容忍失败、接受教训的精神。正如安倍首相专门强调的，“要勇敢去尝试，即使失败了，也要大为嘉奖，因为这将成为我们继续前行的基石。而如果因为害怕失败就什么也不做，这是最差劲的！”在组织方式上，以项目经理为核心，赋予其充分的项目管理权限以及必要的激励手段，使其充分发挥潜力和才能，形成有利于科技创新的氛围。

（作者：蔡晓辉　黄锋）

3D打印技术研究

2013 年 3D 打印技术发展综述

3D 打印技术概念最早由美国麻省理工学院于 20 世纪 90 年代初提出，是以激光束、电子束、等离子或离子束为热源，与计算机辅助设计及制造技术相结合，通过熔化材料、分层堆积，直接制造零件的一种方法。按照加工材料的类型和方式分类，3D 打印技术可以分为金属成形、非金属成形、生物材料成形等。金属成形主要包括电子束快速成形和激光束快速成形，在航空航天和国防领域有广泛应用，是先进数字化制造技术新的发展方向。

一、3D 打印技术重要进展

2013 年，3D 打印技术发展迅速，在工艺过程检测技术领域取得新突破，制造出大型航空飞行器金属结构，生产的组件已开始在作战飞机、无人机等装备中成功应用，为实现“太空制造”呈现了广阔前景。其主要进展如下。

（一）3D 打印关键技术研发取得重要突破

工艺过程检测技术是提升 3D 打印工艺稳定性的重要手段，是制约精密复杂金属零件 3D 打印发展的瓶颈，多年来一直未有突破。2013 年，美国西亚基公司开发出一套自适应闭环控制系统，用于金属零件 3D 打印过程工艺控制，包括熔池温度在线监控、零件形状在线测量和参数实时调整系统。该系统可自动控制工艺的关键性能参数，有助于提高打印产品的质量。

美国西格玛实验室也开展了精密金属零件 3D 打印过程检测技术研发，并初步研发出 PrintRite3D 工艺控制系统。该系统可对航空发动机零件，尤其是发动机燃料喷嘴 3D 打印过程进行实时检测、智能判断和闭环工艺反馈控制，特别适用于精密复杂金属零件的 3D 打印工艺稳定性控制。

（二）在航空飞行器大型金属结构和发动机组件方面取得突破

3D 打印能够很好地满足航空飞行器大型复杂整体金属结构高性能、低成本快速制造的要求。所谓飞行器大型复杂整体金属结构是指大投影尺寸、大厚度、形状复杂的钛合金等结构，如加强框、梁、滑轮架、起落架支柱、挂架接头、无人机翼身融合整体金属框架等。

在美国国防部和洛克希德•马丁公司的共同扶持下，美国西亚基公司利用电子束快速成形技术，制造出尺寸达 5.8m×1.2m×1.2m 的战斗机整体外翼盒。2013 年 1 月，该公司利用电子束快速成形技术生产的钛合金零件在 F-35 战斗机襟翼副翼的翼梁上应用，相关测试指标均符合要求。洛克希德•马丁公司称，若 3000 架 F-35 战斗机都采用这种零件，可在全寿命周期内节约 1 亿美元的成本。通用电气公司采用 3D 打印技术制造发动机支架和 LEAP 发动机燃料喷嘴，与传统制造手段相比，3D 打印燃料喷嘴重量要轻 25%，耐用性要高出 5 倍。

（三）在无人机原型和组件制造中得到快速应用

随着无人机在灾区救援、大地测绘、治安反恐、资源测探和监视中发挥的作用越来越重要，小型、便携式，且无须太多功能性模块的无人机成为美、欧关注的焦点。

目前，利用 3D 打印技术生产无人机组件的材料仍仅限于塑料，且翼展尺寸在 2m 左右。2013 年，欧洲宇航防务集团子公司“调查直升机”公司，以热塑性塑料为原材料，采用 3D 打印技术，制造出微型无人机原型和无人机暂用零件；英国南安普顿大学则利用强 ABS 热塑性塑料，3D 打印出名为 2Seas 的无人机，配合海岸警卫队遂行长时间飞行监视任务；美国空军研究实验室利用 3D 打印技术制造出一架名为“可任意使用的微型飞行器”无人机。目前，该无人机已成功完成飞行测试。

（四）在推动“太空制造”方面迈出重要一步

2013 年，美、欧在 3D 打印工艺、材料和设备方面开展了多个项目研究，加快推进“太空制造”步伐。

一是探索“就地取材”的可行性。美国华盛顿州立大学成功利用激光将仿月球岩石材料熔化，并利用 3D 打印技术将其制成零部件，使美国“太空制造”计划向前迈进了重要的一步。

二是推动空间硬件“太空制造”。7 月，美国国家科学院工程和物理科学分部启动了为期 18 个月的“空间硬件的太空 3D 打印”项目，探索利用 3D 打印技术实现小型航天器等空间硬件的“太空制造”。

三是启动 3D 打印设备进入太空计划。在美国国家航空航天局的支持下，太空制造公司和系绳无限公司分别开展了太空环境下 3D 打印设备的测试和研究工作，包括微重力测试和大型航天器组件的制造。首台 3D 打印设备计划于 2014 年发射至太空。

此外，欧洲空间局也于 10 月启动了 AMAZE 项目，计划将 3D 打印设备运至国际空间站，并尝试打印整个卫星。

二、对武器装备发展影响分析

3D 打印技术对传统装备维修和保障方式将产生重要影响，可实现装备零部件的现场快速按需生产，减少制造过程中产生的废料，降低装备制造成本。

（一）实现装备零部件的现场按需生产

与传统的武器装备生产不同，3D 打印技术集概念设计、技术验证与生产制造于一体，缩短武器装备从“概念”到“定形”的时间，从而加快武器装备的更新周期，实现现场按需生产。美国国家航空航天局提出的“太空制造”构想，就是要在太空环境下，利用3D打印技术生产大部分所需硬件，如耗材、通用工具、失效或损坏的零部件，甚至是小型卫星的组件，以显著提高人类执行太空任务的可靠性和安全性，同时大幅降低太空探索成本。

（二）降低武器装备制造成本

3D打印技术无须大型铸、锻模具，无须中间态热处理和粗加工等工序，从而减少了武器装备组件的机械加工量，节省了大量原材料，可有效降低成本。对于航空航天领域的昂贵金属材料，如钛合金、铝合金、镍基合金，成本节约尤为可观。美国RLM工业公司利用3D打印技术生产的“爱国者”防空系统齿轮配件，其单个制造成本由使用传统铸造工艺生产的2万～4万美元降低到1250美元。通用电气公司采用3D打印技术制造发动机钛合金零件，使每台发动机节省了2.5万美元的成本。

（三）改变装备维修和保障方式

3D打印技术将在未来改变传统的装备维修和保障方式。3D打印可以快速生产不易采购或已停产的零件，从而减少因缺少备件对武器装备作战性能带来的不利影响，提高装备的可用性。对于那些磨损、变形或凿孔件，则可直接利用3D打印技术恢复其原始尺寸，并保持与同质材料相当的物理特性，进而实现对受损零件的快速维修。美国国防部就曾多次采用3D打印进行受损零件的现场维修，以及专用零件的小批量生产。

三、结束语

近年来，3D打印技术发展迅速，美国《时代》周刊将其列为“美国十大增长最快的工业”，英国《经济学人》杂志则认为它将“与其他数字化生产模式一起推动实现第三次工业革命”。它有效解决了复杂金属零件加工难、周期长、成本高等技术难题，已进入工程应用阶段，但其并非是对传统制造方法的颠覆和取代，而是开辟了一个全新的空间，使人们在选择制造方式时，增加了一种手段。

尽管 3D 打印技术在多个重要项目中得以应用，但其在材料、设计、工艺和设备等方面仍面临诸多挑战。在材料方面，虽然已有大量的同质与异质材料混合物应用于 3D 打印，但仍需要开发更多的材料；在工艺方面，3D 打印技术面临着如何提高机器之间连贯性、重复性和统一性，以及使原位传感器能够进行早期缺陷检测的问题，尽管美国西格玛实验室与通用电气公司已在过程检测技术领域开展联合技术开发，并取得一定成效，但如何实现精密复杂金属零件 3D 打印过程中的实时检测和工艺闭环控制，目前仍然是一个制约精密复杂金属零件 3D 打印发展的瓶颈问题；在设备方面，现有 3D 打印设备造价普遍较为昂贵，影响了普及应用。

（作者：宋文文）

美国西亚基公司展示直接制造解决方案

2013 年 1 月 14 日，美国西亚基公司宣布，在宾夕法尼亚州立大学成功演示了尖端直接制造解决方案。该方案基于 3D 打印原理，制造出了近净成形的金属零件，核心是电子束直接制造技术。此次技术演示活动由美国国家增材制造创新研究所、国防先期研究计划局和“数字化金属沉积制造技术创新中心”主办，旨在展示电子束直接制造方面的最新突破。下面将对电子束直接制造技术概念、原理、特点、优势和应用情况进行简要分析。

一、概述

3D 打印技术是指基于离散-堆积原理，由三维数据驱动直接制造零件的技术体系。3D 打印技术的研发工作要早于 3D 打印概念的提出，早在 20 世纪 80 年代，已开始利用树脂、蜡模制作原型，后来发展到工具、模具制造，从 90 年代中期开始进入直接制造阶段。

近年来，直接制造不断取得突破，成功实现了多种材料的产品制造，包括不锈钢、工具钢、钛合金、铝合金、镍基合金、钴合金、铜合金、金属间化合物等。在成本、效率和质量方面优势突出，呈现出与传统锻造、铸造工艺相互补充、逐渐成为主流制造技术的巨大潜力。

按照加工材料类型和方式的不同，直接制造技术群可分为金属零件直接制造、非金属零件直接制造和生物结构直接制造，如图 1 所示。

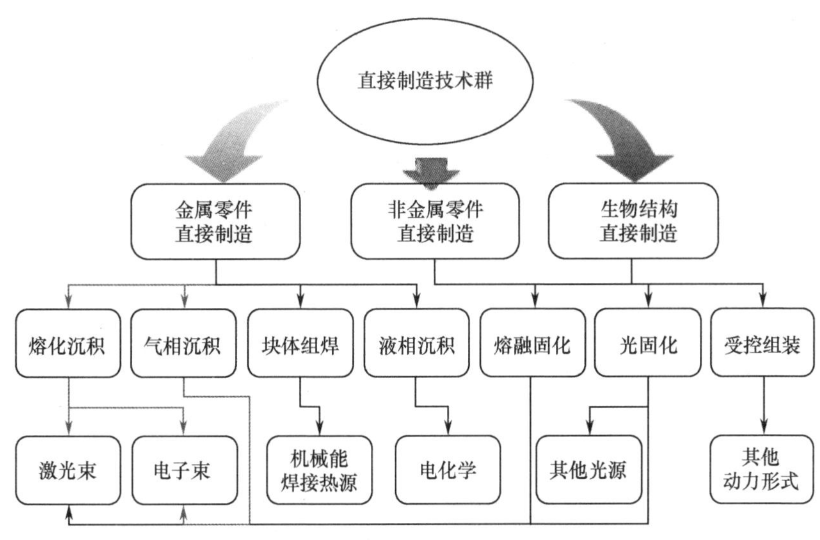

图 1　直接制造技术群

二、电子束直接制造概念、原理和特点

（一）概念和分类

电子束直接制造是将电子束作为高能量束，对粉末或丝材进行逐层熔化，快速凝固并逐层堆积，直接制造全致密、高性能金属零件。根据材料状态的不同，可以分为基于预铺粉末的电子束选区熔化和基于熔化丝材的电子束熔丝沉积，如图 2 所示。

（二）原理和设备

电子束直接制造的工作原理：首先，计算机生成零件的三维数字模型；其次，对三维模型进行分层切片处理，形成一系列二维截面，用线条、点等基本形状对截面进行填充，形成加工路径，并转化成机器加工代码；最后，在真空环境中，电子束熔化送进的金属丝材或预先铺放的金属粉末，按照预先规划的路径层层堆积，形成致密的冶金结合，直接制造出金属零件或毛坯。图 3 所示为电子束直接制造工作原理示意图。

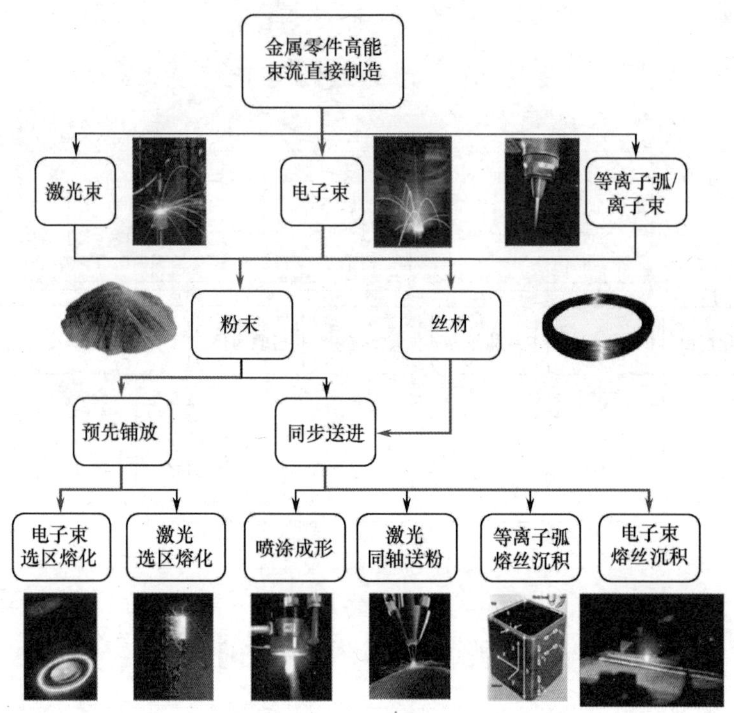

图2　金属零件高能束流直接制造分类

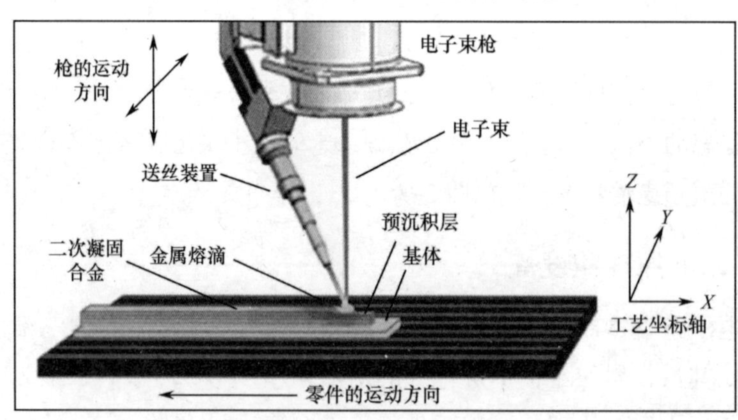

图3　电子束直接制造工作原理示意图

电子束直接制造设备主要包括真空室与真空机组、运动机构、送丝装置、电子束枪与高压电源、控制系统、在线监控系统。西亚基公司电子束直接制造设备如图4所示。

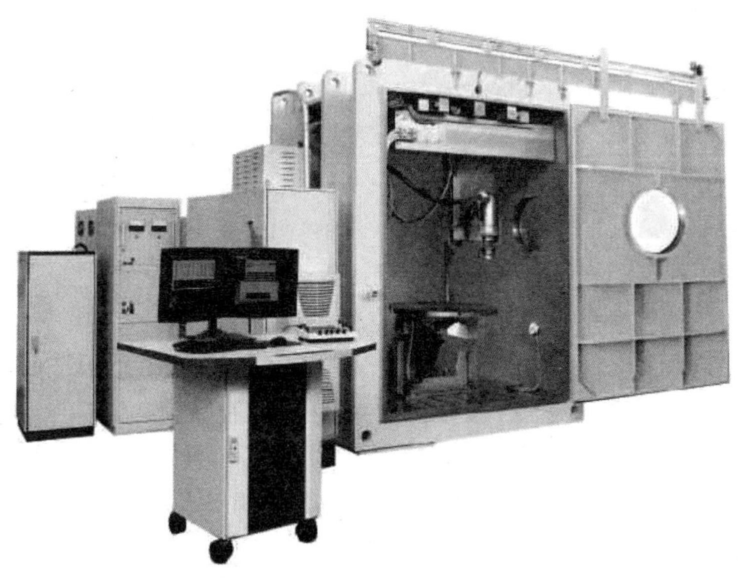

图 4　西亚基公司电子束直接制造设备

制造过程的关键是丝材的高速稳定熔凝综合控制技术，需要电子束流的功率、聚焦等热参数与送丝速度、工件运动速度良好匹配。否则，将出现干涉、坍塌、凸凹不平等问题。实现稳定控制的关键在于以下三个方面：一是丝材的外形质量及送丝装置的精度；二是工艺参数匹配；三是在线测量与实时反馈系统。

（三）技术特点和优势

电子束直接制造技术具有成形速度快、零污染、低成本的特点，是先进数字化制造技术新的发展方向，能够很好地满足航空飞行器大型复杂整体金属结构的高性能、低成本快速制造的要求。飞行器大型复杂整体金属结构指大投影尺寸、大厚度、形状复杂的钛合金等结构，如加强框、梁、滑轮架、起落架支柱、挂架接头、无人机翼身融合整体金属框架等。电子束直接制造技术具有以下技术优势。

1. 成形速度快、周期短，有利于大型结构高效制造

电子束实现大功率较为容易，很容易实现数十千瓦大功率输出。同

时，电子束是电控聚焦，输出功率可在较宽范围内升降，既可在较低功率下获得较高精度，也可在较高功率下达到很高的沉积速率。对于大型金属结构的成形，电子束直接制造沉积速率优势十分明显。

电子束与沉积材料之间的能量耦合效率高。电子束的耦合能非常高，材料不受约束，高反射材料亦能有效沉积。电能与电子束能量转换效率达95%以上。

2．保护效果好，不易混入杂质，能够获得良好内部质量

电子束直接制造在10^{-3}Pa真空环境中进行，能有效避免在高温状态下有害杂质（氧、氮、氢等）混入金属零件，适合钛、铝等活性金属加工。对活性较强的铝合金、钛合金，尤其是大型零件，电子束直接制造的保护效果更好，且更容易实现。电子束是体热源，偏摆扫描电子束还具有冲击搅拌作用，有利于堆积层之间和堆积路径之间充分熔凝，能有效减少未熔合、偏析等缺陷，熔池的剧烈搅拌运动有利于减少气孔缺陷，因此，电子束直接制造可获得良好的内部质量。

3．工艺方法灵活控制，可实现大型复杂结构的多工艺协同优化设计制造

电子束功率大，可通过电磁场实现运动及聚焦控制，可实现高频率复杂扫描运动。利用面扫描技术，电子束可以实现大面积预热及缓冷，利用多束流分束加工技术，可以实现多束流同时工作，一个束流用于成形，同时用其他电子束在路径周围进行面扫描施加温度场，对控制大型结构成形过程中的应力与变形具有重要意义。在同一台设备上，电子束既可以实现熔丝堆积，也可以实现深熔焊接。可以根据零件的结构形式及使用性能要求，采取多种加工技术组合，实现成本的最低化，以及性能或工艺的最优化。利用电子束的多功能加工技术，可以实现大型复杂结构的多工艺协同优化设计制造。

4．丝材可达性好，适用于太空环境下成形

在外太空微重力环境下，粉末很容易逸散，对空间站的安全带来很大的威胁。而丝材可达性好，不受重力影响，且外太空是天然的真空环境。因此，电子束熔丝沉积技术非常适用于外太空环境下的结构制造。

5. 低消耗、零污染，属绿色先进制造技术

电子束直接制造沉积效率高，机时短，消耗电能少；成形过程无须惰性气体，除了少量作为阴极的钨丝外，成形装备几乎无损耗；电子枪长时间大功率状态工作的可靠性高，使用寿命远高于激光器或等离子发生器；成形过程封闭在真空室中，无弧光、烟尘、噪声，无污染等，是一种绿色制造技术。

此外，与锻造/铸造+机械加工技术相比，电子束直接制造技术无须大型铸、锻模具，无须中间态热处理和粗加工等工序；可节省 80%～90%的材料，可减少 80%的机械加工量，缩短 80%以上的生产周期；可有效降低成本，对于航空航天领域的昂贵金属材料，如钛合金、铝合金、镍基合金，成本节约尤为可观。与激光束直接制造相比，电子束直接制造成形效率高达数十倍，可节约大量机时及人工成本。

三、电子束直接制造与激光束直接制造对比

激光束直接制造是以激光束作为高能量束进行加工的直接制造技术，具有无须锻造装备及模具、力学性能好、加工量小、材料利用率高等优点。表 1 给出了电子束与激光束直接制造技术的对比。

表 1　电子束直接制造技术和激光束直接制造技术对比表

	电子束直接制造技术	激光束直接制造技术
工艺原理	二者相同。以高能量束为热源，按照零件三维数字模型切片后的加工路径扫描，将同步输送的金属粉末、丝材熔化并逐层堆积，直接制造出近净成形的致密金属零件	
熔化热源	功率相对更高、可达数十千瓦以上	功率可达 20kW 以上
能量转换效率	电能与电子束能量转换效率达 95%以上	• CO_2 激光器的电/光能量转换效率在 20%左右； • YAG 激光器的电/光转换效率只有 2%～3%

（续表）

	电子束直接制造技术	激光束直接制造技术
沉积速率	• 钛合金可达到 20kg/h； • 沉积速率与尺寸精度控制存在矛盾	• 钛合金可达到 1.5kg/h； • 超高强度钢及耐热钢材料可达到 2kg/h
加工环境	• 必须在真空环境中； • 制件尺寸受到限制； • 散热困难	大气、惰性气氛和真空环境均可，根据加工材料要求选择
制件性能	• 真空环境下冷却速度慢； • 显微组织粗大	可获得细小、均匀、致密的快速凝固组织
加工设备	• 大型电子束直接制造装备复杂、昂贵； • 真空系统下操作和维护相对复杂； • 电子束传输路径单一、柔性控制相对差	• 逐步达到工程化应用成熟度； • 激光束传输路径灵活，操作和维护简便、柔性高（可与机械手配合）

四、国外现状

进入 21 世纪，电子束直接制造在国外航空航天飞行器结构制造方面得到了快速发展，已经逐渐从实验室走向工程应用。美国国家航空航天局（NASA）、波音公司、洛克希德·马丁公司等均开展了技术测试，并计划将该技术应用于空间站、海军无人机、F-35 战斗机、新一代运输机等项目上。2012 年 2 月，在美国国防先期研究计划局“开放制造”计划资助下，西亚基公司与宾夕法尼亚州立大学应用研究实验室合作成立“直接数字沉积技术金属加工创新中心”，通过院企联合的新模式，合作开发电子束直接制造技术，并于 2013 年 1 月在轮廓尺寸、沉积速率和自适应闭环控制系统方面取得了突破性进展。当前，NASA 兰利研究中心和西亚基公司在此领域处于国际领先水平。

以下将通过产品实例说明电子束直接制造的应用情况。

（一）F-35 襟翼副翼零件

2013 年 1 月，洛克希德·马丁公司称，该公司在 F-35 战斗机襟翼副翼的翼梁上使用了西亚基公司的钛合金零件（见图 5），并进行了飞行测试验证。目前，已经完成 75%的测试，各项指标都符合要求。洛克希德·马丁公司称，若 3000 架 F-35 战斗机都采用这种零件，可在全寿命周期内节约 1 亿美元的成本。

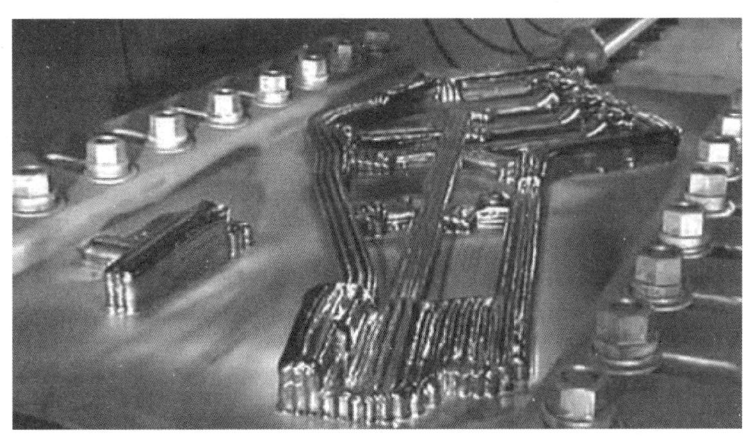

图 5　西亚基公司制造的 F-35 襟翼副翼零件

西亚基公司电子束直接制造技术采用的是电子束熔丝沉积技术，在以下几个方面取得了突破：一是制造出大尺寸的金属零件，轮廓尺寸达到 5.8m×1.2m×1.2m。二是可利用多种材料加工，如钛、钽、铬镍铁合金、铟镍合金和不锈钢等多种高价值材料。三是采用双路送丝系统，提高了沉积速率，大大缩短了加工时间。根据材料不同，沉积速率一般为 3～9kg/h。若是加工钛合金等轻合金，则沉积速率可达 7.5～20kg/h。四是改变了材料沉积方式。电子束功率为 42kW，将材料直接送入送丝装置，用电子束直接在机头熔融并沉积材料，具有较高精度和成形质量。五是工艺稳定。开发出一套自适应闭环控制系统，包括熔池温度在线监控、零件形状在线测量和参数实时调整系统，可自动控制工艺的关键性能参数，保障了可重复生产质量一致的产品。西亚基公司之所以能够在这一领域处于世界先进水平，最关键的就是研发出了这套自适应闭环控制系统。

（二）钛合金万向节和 F-22 支座

2002 年，西亚基公司和美国海狸航空航天与国防公司合作，利用电子束直接制造与电子束焊接组合加工的办法，制造了大型 Ti-6Al-4V 金属万向节［见图 6（a)］，其尺寸为 4.32m（直径）×2.97m（高），壁厚 0.76m，共用 5 周时间。西亚基公司与洛克希德·马丁公司制造的 F-22 战斗机钛合金支座经过两次全寿命广谱疲劳试验后，又成功通过了最终负载试验，没有发现任何变形［见图 6（b)］。

（a）钛合金万向节

（b）F-22 战斗机用钛合金支座

图 6　西亚基公司制造的钛合金零件

（三）飞机钛合金梁

2005—2007 年，西亚基公司与波音公司合作，以 6.75kg/h 的沉积速率制备试验件，力学性能测试均满足要求。此外，西亚基公司联合弗吉尼亚大学等研究机构，实现了制造过程中对束流形态、熔池温度、尺寸与零件温度等的实时监控，能够根据零件材料和结构预先模拟成形过程，并生成修正后的加工方案。西亚基公司制造的飞机大型钛合金梁轮廓尺寸达到 2.5m×1.0m×0.5m，如图 7 所示。

（四）航空发动机机匣

NASA 兰利研究中心开发电子束直接制造技术最初是为了实现在太空环境中制造超大型金属结构，并进行了长期的试验研究。在技术日渐成熟后，从 2008 年开始，NASA 逐步涉足航空飞行器结构制造。其制造的航空发动机机匣结构壁厚仅 12mm（如用锻造技术则需 76mm），如图 8 所示。

图 7　西亚基公司制造的飞机钛合金梁

图 8　NASA 制造的航空发动机机匣

兰利研究中心还针对下一代大型运输机铝合金带筋舱体结构开展了预先研究。与传统焊接、铆接结构相比，重量大大减轻而工序更为简单，制造成本也明显降低，如图 9 所示。

图9　兰利研究中心电子束直接制造产品

（作者：宋文文　乔榕　李耐和　宋潇　锁红波）

美国研发金属零件 3D 打印过程检测技术

2013 年 5 月，美国通用电气航空集团与西格玛实验室签署技术协议，联合开发航空发动机零件 3D 打印过程检测技术。利用这项技术对制造过程进行实时检测和闭环工艺控制，可显著提升 3D 打印的工艺稳定性，从而提高金属零件的成形效率和成形质量。

一、发展金属零件 3D 打印过程检测技术的意义

近年来，金属零件 3D 打印技术发展迅速，有效解决了复杂金属零件加工难、周期长、成本高等技术难题，已进入工程应用阶段，并在 F-35 战斗机、空间站、下一代大型运输机等重点项目中得到应用。

但是，成形效率和成形质量不高一直制约着金属零件 3D 打印技术在国防领域的应用。金属零件 3D 打印过程条件苛刻，面临着成形过程控形与控性双重困难。控形方面，成形过程温度场受加工参数、材料、零件结构、工艺设计等诸多因素影响，直接影响到零件的内应力分布，以及收缩、变形行为，进而对零件的外形尺寸造成巨大影响；控性方面，首要问题是零件内部的致密性，其次还有多重热循环导致的特殊内部组织问题。简而言之，成形过程温度场控制和内部质量控制是金属零件 3D 打印面临的主要挑战，是影响工艺稳定性的重要因素。尤其对航空发动机燃料喷嘴等精密金属零件的 3D 打印过程而言，工艺稳定性和成形质量要求更高。

目前，金属零件 3D 打印成形质量检测方式主要分为“生产后”检测和过程检测两种。“生产后”检测是在金属零件成形后再对其实施质量检测的一种方式，这一检测方式可基本满足高性能大型复杂金属构件的质量检测要求。但是，对于精密复杂金属零件的 3D 打印而言，“生产后”

检测属后验式质量保证手段，缺乏对 3D 打印过程的实时检测和工艺反馈控制，无法解决工艺稳定性的问题。而且，受结构形式和无损检测方法本身的固有限制，零件上还会有许多检测盲区，导致利用 3D 打印技术的精密金属零件难以满足国防领域对内部质量和几何形状等关键参数的严格要求。

为此，美国将过程检测技术作为金属零件 3D 打印工艺控制领域的发展重点，将其作为提升 3D 打印工艺稳定性的重要手段，以提高金属零件的成形效率和成形质量、缩短 3D 打印时间、降低 3D 打印成本。过程检测技术的突破对精密复杂金属零件 3D 打印的发展具有重要的推动作用。

二、金属零件 3D 打印过程检测技术的概念和特点

（一）概念

相对于“生产后”检测，金属零件 3D 打印过程检测技术是一项实时、无损过程检测和制造工艺闭环控制技术。它可在金属零件 3D 打印过程中，实时检测金属零件的几何形状和温度场，并同几何形状与温度场的预设值进行比对与分析，通过智能判断和反馈控制调整工艺参数，从而提高金属零件 3D 打印工艺稳定性。

金属零件 3D 打印过程检测关键技术主要包括熔池检测和形变检测、智能判断和闭环工艺控制。其中，智能判断和闭环工艺控制是当前的技术难点。

（二）特点

与“生产后”检测技术相比，过程检测技术具有以下特点：

（1）实时检测。通过安装在工作区正上方、高能量束光路旁侧的传感器，实时监测并捕获处于 3D 打印过程中加工层面的温度场和几何形状参数。

（2）智能判断和工艺闭环反馈控制。通过软件工具对温度场和几何形状参数实测值与预设值进行对比分析，利用算法进行智能判断和反馈控制工艺参数。

（3）特别适用于精密复杂金属零件的 3D 打印工艺控制，例如空间薄壁曲面、复杂型腔、空心流道、点阵结构等复杂金属结构的制造。

三、西格玛实验室过程检测技术研发现状

目前，在世界范围内，金属零件 3D 打印过程检测技术研发处于起步阶段。美国西格玛实验室在此领域全球领先，已与多家大型国防制造商，如霍尼韦尔公司、通用电气公司和波音公司开展合作，正在利用此项技术研发 3D 打印工艺控制系统，即 PrintRite3D 系统。该系统由 4 个模块组成，仅有检控模块处于试用状态，而采集模块、形变模块、热成像模块仍处于开发阶段。目前，西格玛实验室正在对该系统进行测试验证。

2011 年 4 月，在美国国防先期研究计划局“开放制造”计划资助下，西格玛实验室将其过程检测技术应用于霍尼韦尔公司的喷气式发动机先进制造工艺过程中，验证了这项技术在近乎苛刻环境下的可用性。2012 年 2 月，西格玛实验室又与霍尼韦尔公司签署合同，开发下一代航空发动机压缩机制造过程检测技术，初步实现了金属零件 3D 打印过程内部检测能力。

2012 年 9 月，西格玛实验室与世界领先的金属零件 3D 打印制造商——莫里斯技术公司签署谅解备忘录。西格玛实验室将利用其过程检测技术，解决莫里斯技术公司的直接金属激光烧结制造工艺控制不足等问题。

2013 年 5 月，西格玛实验室与通用电气公司签署联合技术开发协议，推动 LEAP 涡扇发动机燃料喷嘴 3D 打印过程检测技术的开发，并对 PrintRite3D 技术能力进行演示验证。

四、PrintRite3D 系统

2012 年 9 月，西格玛实验室采用过程检测技术开始研制 PrintRite3D 系统。PrintRite3D 系统是金属零件 3D 打印过程中的闭环工艺控制设备，具有采集 3D 打印设备及传感器数据、比对分析、智能判断和反馈控制等功能，其组成、工作过程和模块功能如下。

（一）PrintRite3D 系统基本组成

PrintRite3D 系统是一种由软件和硬件组成的质量保障组件。从实现功能的角度看，该系统的软件部分包括采集模块、形变模块、热成像模块和检控模块；硬件部分主要包括传感器（包括热传感器和视频传感器）、信号传输、控制操作界面等模块。其中，检控模块是整个系统功能实现的核心。PrintRite3D 系统外观如图 1 所示。

图 1 PrintRite3D 系统外观

（二）PrintRite3D 系统工作过程

PrintRite3D 系统工作过程分为以下三步：首先，由传感器模块中的热传感器和视频传感器对 3D 打印过程中的金属零件进行逐层、逐点的快速扫描与成像，形成金属零件加工层面的热成像图和几何形状图。其次，将热成像图和几何形状图实时传递给热成像模块和形变模块，模块软件对实时采集的零件成形过程的图像数据与预设数据进行对比分析。最后，将对比数据（如形变量和温度差异值）传递给检控模块。该模块将利用算法进行自动判断和反馈控制，并将相关信号反馈到金属零件 3D 打印设备的工艺控制模块，自动控制与调整 3D 打印工艺参数，从而实现对金属零件制造过程进行闭环控制，同时向用户提供界面友好的实时检测分析结果。PrintRite3D 系统工作过程示意如图 2 所示。

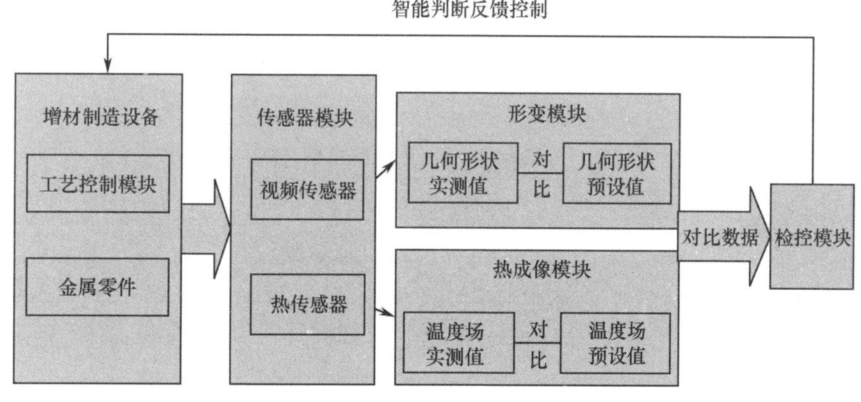

图 2　PrintRite3D 系统工作过程示意

（三）PrintRite3D 系统模块功能

PrintRite3D 系统各模块所要实现的主要功能如下。

采集模块主要由热传感器和视频传感器组成，能够对金属零件进行逐层、逐点高速扫描。其中，热传感器实时扫描加工层面的温度场，形成金属零件逐点的热成像图；视频传感器实时扫描金属零件几何形状，形成几何形状图像。采集模块将数据实时传递给形变模块和热成像模块。

形变模块能够实时采集来自视频传感器的零件几何形状数据，与几何形状预设数据进行对比分析，并将形变量的分析结果传递给检控模块，确保金属零件的几何形状符合要求。

热成像模块能够实时采集来自热传感器的加工层面的温度场数据，与温度场预设数据进行对比分析，并将温度差异值的分析结果传递给检控模块，确保金属零件的内部质量符合要求。

检控模块是整个金属零件3D打印过程中的闭环工艺控制器，利用算法控制工艺参数，以实时确保沉积质量。它能够实时收集制造过程中的传感器数据，自动对金属零件的微结构质量检测过程进行总体控制，同时为用户提供界面友好的实时检测分析结果。

（四）PrintRite3D系统参数

PrintRite3D系统的主要参数如表1所示。

表1 PrintRite3D系统的主要参数

硬件	8U高度，48cm机架
	43cm液晶触摸屏显示器，分辨率1280×1024 ，对比度1000:1
	键盘/鼠标：桌面型
	数据采集：8个模拟输入通道；16个模拟输出通道；8个数字输入和32个数字输出通道；16个热电偶输入；最大电压范围：±10V直流
	主板：SBC外形；1个PCLe插槽和1个PCI插槽
	处理器：英特尔酷睿i5
	存储器：专用于存储的硬盘驱动器
	传感器和设备输入信号：商用现货热电偶；高速数字/高分辨率照相机
软件	自主操作
	适应于多种制造设备的接口
	定制的专用控制方法
	数据记录
	网络连接
	远程监控和配置
	用户界面
	实时数据显示
	可编程的用户参数
	可根据特定的用户软件进行调整

（续表）

<table>
<tr><td rowspan="12">参数</td><td>电气参数</td><td colspan="2">输入：100～240V 交流电，50～60Hz，最大电流 12A</td></tr>
<tr><td rowspan="3">机械参数</td><td colspan="2">总尺寸：48.26cm×35.56cm×49.78cm</td></tr>
<tr><td colspan="2">总重量：40.8kg</td></tr>
<tr><td colspan="2">液晶显示器视角：115°</td></tr>
<tr><td rowspan="8">环境参数</td><td rowspan="2">环境温度</td><td>工作温度：0℃～40℃</td></tr>
<tr><td>储存温度：−15℃～60℃</td></tr>
<tr><td rowspan="2">相对湿度</td><td>操作湿度：在 40℃非冷凝下　10%～85%</td></tr>
<tr><td>储存湿度：−15℃～60℃非冷凝下 10%～95%</td></tr>
<tr><td rowspan="2">振动（5～500Hz）´</td><td>工作振动加速度：0.5grms</td></tr>
<tr><td>储存振动加速度：2.0grms</td></tr>
<tr><td rowspan="2">冲击</td><td>工作冲击加速度：10g</td></tr>
<tr><td>储存冲击加速度：30g</td></tr>
</table>

（作者：宋文文　乔榕　李耐和　宋潇　颉靖　段磊）

法国利用熔融沉积成形技术生产无人机原型

近日，欧洲宇航防务集团子公司——“调查直升机”公司（Survey Copter，也译为“勘察直升机”公司），利用美国斯川塔斯（Stratasys）公司的 3D 打印设备，制造出微型无人机原型和无人机短期用零件（光学塔台、飞机结构部件和电池仓外壳等），零件尺寸从几平方毫米到 400 平方厘米不等。“调查直升机”公司采用的是 3D 打印技术中的熔融沉积成形技术，所用材料为热塑性塑料。

本文将重点分析熔融沉积成形技术的概念、工艺原理、所用材料及技术特点，介绍国内外熔融沉积成形技术的发展和应用情况，并辅以介绍“调查直升机”公司制造无人机原型和零件所用的 3D 打印设备。

一、熔融沉积成形技术的概念和工艺原理

熔融沉积成形技术是一种 3D 打印技术，适用于热塑性塑料直接制造。熔融沉积成形技术利用喷头将丙烯腈-丁二苯-苯乙烯塑料（ABS）、聚碳酸酯（PC）等热塑性塑料丝材（见图 1）加热至熔融态，在计算机系统的控制下，按一定扫描路径逐层自黏结成形。该技术由斯川塔斯公司于 1988 年发明，并于 20 世纪 90 年代推出商品化制造设备。

熔融沉积成形技术的工艺原理如图 2 所示：将丝状热塑性塑料送至制造设备喷头，由喷头将丝状材料加热熔融、挤出，喷头在 X、Y 扫描结构的带动下沿层面模型规定的路径进行扫描、堆积。一层扫描完毕后，底板下降或者喷头升高一个层厚高度，重新开始下一层的成形。依此逐层成形直至完成整个原型件的成形。

图 1　熔融沉积打印设备所用热塑性塑料丝材

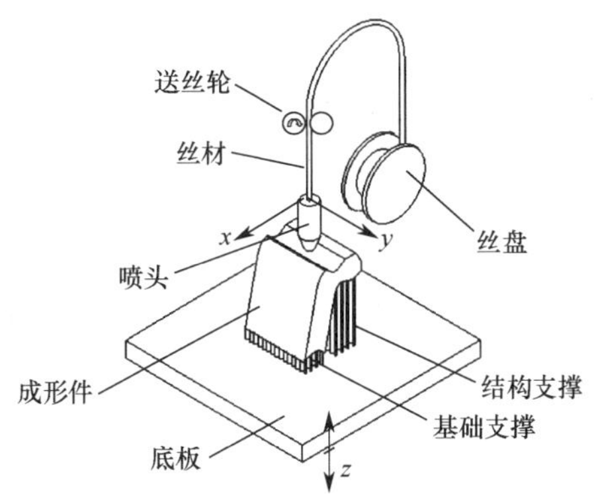

图 2　熔融沉积成形工艺原理图

二、熔融沉积成形技术所用材料

熔融沉积成形所用的材料是热塑性塑料。热塑性塑料是指具有加热软化、冷却硬化特性的塑料，主要包括 ABS、PC、聚苯硫醚砜（PPSF）、聚酰亚胺（PI）等，具有较高的强度、延展性和韧性，利用其制造的零部件硬度和耐冲击强度较高。

全球最大的熔融沉积成形设备制造商斯川塔斯公司最初使用的热塑性塑料为 ABS，所制造的零件原型硬度约为注塑零件的 80%，耐热性和抗化学性与注塑零件相当。为了进一步提高硬度，斯川塔斯公司又陆续使用聚苯砜、聚碳酸酯和聚酰亚胺等材料制造零部件，零件硬度已接近或超过普通注塑零件，其优点是延展性好和质量轻，可在原型试验、维修、临时替换等场合直接替代注塑零件。开发针对不同应用场合的多种热塑性塑料是斯川塔斯公司的一大突出优势。该公司研发的 PC 材料的强度比 ABS 提高 60%，用其制造的零件具备注塑零件的所有特性。此外，其研发的 ULTEM9085 材料符合防火、无毒、无害要求，耐热性超过 160℃，经美国联邦航空管理局认证达到航空应用标准。

法国“调查直升机”公司打印无人机和短期用零件所用的热塑性塑料为 ABSplus 材料，是斯川塔斯公司 ABS 类材料中的一种，也是该公司价格最低的 3D 打印材料，有 9 种颜色，还可根据客户要求定制颜色。由于成本低，利于设计人员和工程师反复进行原型制作和测试。与此同时，它又具有耐用性，可使概念模型和产品原型达到与最终产品一样的性能要求。

三、熔融沉积成形技术的特点

熔融沉积成形技术具备以下优点：一是制造材料具备一定的强度，且耐高热、抗腐蚀、抗菌和抗机械应力强，成形件的综合机械性能相对较好。二是制造材料广泛，一般的热塑性塑料经适当改性后均可使用。三是制造设备简单，设备和材料的成本相对较低。四是制造过程对环境无污染，容易制成桌面化制造设备，且成品无毒、无异味。五是制造过程中形成的结构支撑和基础支撑结构易于移除。

熔融沉积成形技术的缺点是精度不够高，不易制作精细结构，而且受制造设备所限，难以制造大型零部件。

四、熔融沉积成形技术所用设备

法国“调查直升机”公司制造无人机原型和零件时选用了斯川塔斯公司的两种 3D 打印设备，分别为 Dimension Elite 和 Fortus 400mc，其基本情况如下。

（一）Dimension Elite

Dimension Elite 是基于熔融沉积成形技术的 3D 打印设备，其外观如图 3 所示。

图 3　Dimension Elite3D 打印设备

硬件包括制造设备本身和用于溶解基础支撑和结构支撑材料的容器，即 SCA-1200 系统；内置 CatalystEX 软件控制设备运行。

Dimension Elite 的主要参数如表 1 所示。

表 1　Dimension Elite 的主要参数

类　别	参　数　值
尺寸	689cm×914cm×1041cm
重量	136kg
电源支持	100～120V，60Hz，最小 15A 220～240V，50/60Hz，最小 7A
SCA-1200 系统的电源支持	100～120V，60Hz，15A 220～240V，50Hz，10A
最大成形尺寸	203cm×203cm×305cm
打印层厚	0.254cm、0.178cm
打印材料	ABSplus　9 种颜色
支撑材料	可溶性材料或易分离材料
网络连接	10/100 兆以太网

（二）Fortus 400mc

Fortus 400mc 可使用 9 种制造材料，内置 Insight 软件控制设备运行，外观如图 4 所示。

图 4　Fortus400mc3D 打印设备

Fortus 400mc 的主要参数如表 2 所示。

表 2　Fortus 400mc 主要参数

类别	参数值
尺寸	1281cm×895.35cm×1962cm
重量	726kg
电源支持	230V，50/60Hz，最小 20A
最大成形尺寸	355cm×254cm×254cm；406cm×356cm×406cm
打印层厚	0.33cm、0.254cm、0.178cm、0.127cm
打印材料	ABS-ESD7、ABS-M30、ABSi、ABS-M30i PC、PC-ABS、PC-ISO、ULTEM9085、PPSF
支撑材料	可溶性材料或易分离材料
打印颜色	象牙白、白、半透明白、半透明琥珀色、铁灰、红、半透明红色、蓝、黑等数十种颜色
网络连接	10/100 兆以太网

五、国外发展现状及应用情况

目前，熔融沉积成形技术已经成熟，研发重点是基于新型热塑性塑料制造的工艺控制。国外领先的熔融沉积成形技术及设备研制公司主要有两家，分别是美国斯川塔斯公司和梅克伯特（MakerBot）公司，其中梅克伯特公司已于2013年6月被斯川塔斯公司收购，成为其全资控股独立子公司。当前，斯川塔斯公司在热塑性塑料研发、熔融沉积3D打印设备的打印精度等方面都处于世界领先地位。

熔融沉积成形技术可为用户提供产品原型和小批量产品生产，已广泛应用于宇航、国防、建筑、汽车、教育和医疗等领域。随着更坚固、耐热性更好及加工精度更高的新型快速成形材料的推出，熔融沉积成形技术将获得更为广泛的应用。以下案例反映了熔融沉积成形技术在国外国防和宇航领域的应用情况。

（一）无人机部件

美国谢泼德空军基地飞行训练器研发部门为美国空军和国防部分支机构设计、研发和制造训练器。出于成本考虑，大部分训练器都是现有装备的复制品。飞行训练器研发部门先前采用传统制造方式制造训练器，需经过机械加工、车床、焊接、金属弯曲和切割等一系列工序，不仅费用高，而且生产周期长，效率低。

自2004年起，飞行训练器研发部门陆续采购了4台熔融沉积成形制造设备，制造无人机复制品（见图5），包括无人机的机体部件，以及整流罩、推进器和天线，用于对维修人员进行培训。

熔融沉积成形制造设备的应用有效缩短了无人机训练器的制造时间。以天线为例，使用熔融沉积成形技术制造所需时间仅为传统制造的1/10，工期可由20天缩短至2天。飞行训练器研发部门采用熔融沉积技术，2004年至今已节约380万美元。

图5　无人机部件

（二）坦克和步兵战车的摄像机底座

美国光电红外技术公司采用斯川塔斯公司基于熔融沉积成形技术的Dimension 系列设备，为密西西比州国民警卫队的“艾布拉姆斯”主战坦克和“布雷德利”步兵战车制造了40部摄像机底座，如图6所示。

图6　摄像机底座

在制造过程中，不仅实现了对设计模型的快速评估，还实现了对设计方案的及时修订。利用 ABS 材料制作的底座坚固可靠，足以满足使用要求。费用由原先的 10 万美元（使用航空级铝材料机械加工）降低到 4 万美元，包括购买计算机辅助设计（CAD）软件、Dimension 系列设备和 ABS 材料。

（三）“爱国者”地空导弹系统齿轮组

齿轮组是导弹发射的关键部件。美国 RLM 公司原先采用注模加工方式制造齿轮组样品，制造周期长达 2 个月，价格最高可达 20000 美元。

为了缩短周期，节约成本，RLM 公司改用斯川塔斯公司熔融沉积成形制造设备和 ABS 材料制造齿轮组样品，只需 7 天就完成了样品设计、调整和最终原型制造，成本降至 1250 美元。齿轮组原型如图 7 所示。

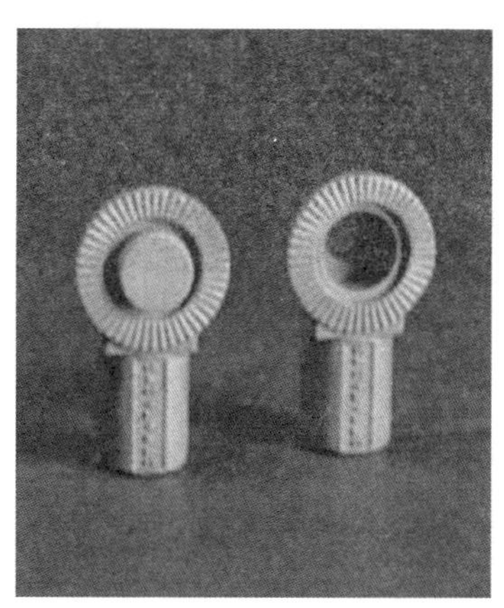
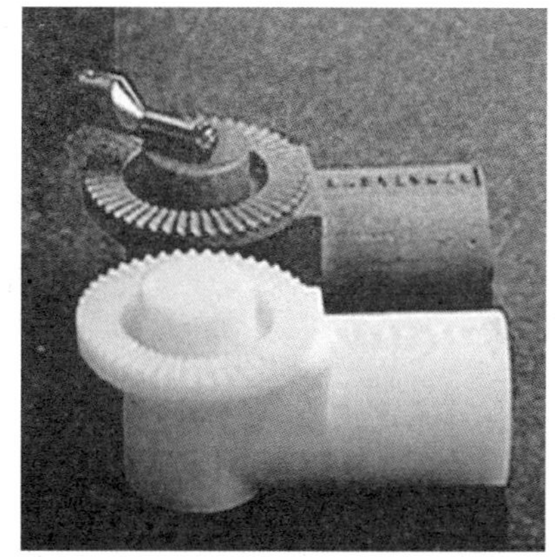

图 7　齿轮组原型

（四）“漫游者”火星探测器零件

美国国家航空航天局“漫游者”火星探测器在设计和制造阶段也都采用熔融沉积成形制造设备。

在设计阶段，熔融沉积成形制造设备能够快速制造出零件原型，用于外形设计和性能测试，不仅节约了成本，而且使设计更为灵活、高效，可快速更改外形以装配复杂的电子设备。

在制造阶段，熔融沉积成形制造设备直接制造了“漫游者”火星探测器的部分零件，包括阻燃排气口和外壳、相机支架、舱门、前保险杠部件等零件和其他定制结构。这些零件和结构采用 ABS、PC 塑料，可在严酷环境下使用。

（作者：宋潇　黄锋　张倩　宋文文）

美国利用 3D 打印技术生产卫星零部件

2012 年，美国华盛顿州立大学班德亚帕德耶教授所带领的研究团队在华盛顿航空航天技术创新联合中心和航空发动机-洛克达因公司的支持下，开展名为“航空发动机公司推进剂储存箱和陶瓷零件的 3D 打印”的探索性研究项目，旨在利用 3D 打印技术为小型科研卫星生产金属和陶瓷零部件。2013 年，该研究团队演示了利用 3D 打印设备和仿月球岩石材料生产零部件的相关工作。

美国开展此类利用 3D 打印技术将仿其他星球岩石或土壤的材料制造成为零部件的探索性项目研究，最终目的是实现“太空制造”，即宇航员在太空中自行建造执行任务所需的硬件，而不再依赖从地球携带相当重量的备用件。此次华盛顿州立大学研究团队利用激光成功地将仿月球岩石材料熔化，并采用 3D 打印技术将其制造成为零部件，使美国“太空制造”计划向前迈进了重要的一步。

一、美国开展“太空制造”的目的与意义

目前，所有的太空任务都依赖发射工具将执行任务所需的设备、工具和备用零部件等从地球发送至太空。但是，人们无法预测哪些零部件将在漫长的太空旅行中失效，因此，在执行太空任务时，往往需要携带相当重量的备用部件，以确保太空任务的安全与高效。

然而，研究表明，每多携带 0.45kg 的重量进入太空，成本就将增加约 1 万美元。如不通过技术革新降低载荷的重量和体积，将严重制约人类对太空的探索能力，也会使太空探索成本居高不下。为此，美国国家航空航天局（NASA）提出了“太空制造”的构想，将 3D 打印设备发送至太空，宇航员借助 3D 打印设备自行在太空中制造其执行任务所需的

大部分硬件，如耗材、通用工具、失效或损坏的零部件，甚至是小型卫星的组件，以显著提高人类执行太空任务的可靠性和安全性，同时大幅降低太空探索成本。

二、美国实现“太空制造”面临的挑战

美国在实现“太空制造”的过程中主要面临两个方面的挑战：一是增材设备必须体积小、重量轻，可在太空环境下正常工作；二是3D打印工艺和材料必须适用于太空环境。

在设备方面，NASA表示，利用3D打印技术实现“太空制造”的关键是开发足够小且方便携带进入太空的3D打印设备。这一设备可在零重力环境下正常运作，同时，设备的通用性要强，可允许使用多种不同类型的材料。目前，3D打印设备体积和重量较大，而国际空间站和航天器等航天装备的内部空间有限，无法满足现有3D打印设备对空间的要求。此外，现有3D打印设备和某些硬件须依赖重力环境维持其正常运行。因此，要实现太空制造，首先就要研发适用于零重力环境下的3D打印设备，且能实现与航天装备的集成。

在工艺和材料方面，目前，3D打印技术的应用范围仍限于重力环境，微重力或零重力环境下的3D打印工艺尚处于研发测试阶段，并未实现应用。

当前，3D打印通常采用光敏树脂或金属材料生产零部件，其中金属包括低合金钢、铝、钛、铜、钨等，且多为粉末状。由于粉末状材料在微重力或零重力环境下会漂浮，因此，必须研究适用于太空环境的3D打印工艺。此外，航天器或运载火箭携带的材料重量也是NASA实现“太空制造”必须要考虑的问题。对于太空任务而言，如何实现“就地取材”，对进一步开展深空探索任务具有重大意义，也是实现太空制造面临的重要挑战之一。

三、美国在“太空制造”领域研究情况及成果

NASA 是美国政府机构中较早研究使用 3D 打印技术的，其已利用 3D 打印技术生产了用于执行载人火星任务的太空探索飞行器（SEV）的零部件，并且探讨在该飞行器上搭载小型 3D 打印设备，实现“太空制造”。“太空制造”是 NASA 在 3D 打印技术方向的重点投资领域。为实现“太空制造”，美国已在适用于太空环境的 3D 打印设备、工艺及材料等领域开展了多个项目研究，并取得多项了重要成果。

（一）研制太空 3D 打印设备

在适用于太空环境的 3D 打印设备领域，美国已经取得两项重要研究成果：一是 NASA 兰利研究中心研发的电子束自由成形系统；二是美国太空制造公司开发的太空 3D 打印设备。

1. NASA 兰利研究中心研发适用于太空环境的电子束自由成形系统

10 年前，NASA 提出一个构想，即“建造一台不管是在地球、火星，还是在国际空间站上都能生产所需零部件或工具的机器”。经过多年的发展，NASA 兰利研究中心研发出可在太空环境下制造所需零部件的电子束自由成形（EBF3）系统。2007 年 9 月，NASA 兰利研究中心在 C-9 飞机内对 EBF3 系统进行了微重力环境下的测试，如图 1 所示。

该系统将电子束作为高能量束，采用同步送丝的 3D 打印工艺生产零件，旨在解决人类执行太空任务所需零件质量和体积受限问题，对大型空间结构和航空器主要结构进行维修，以减少执行太空任务所携带的预制备件数量。

目前，兰利研究中心正在开发第二代和第三代便携式 EBF3 系统，这些系统的规模和尺寸较小，且可在太空飞行中进行配置。未来，NASA 计划将 EBF3 系统应用于国际空间站。

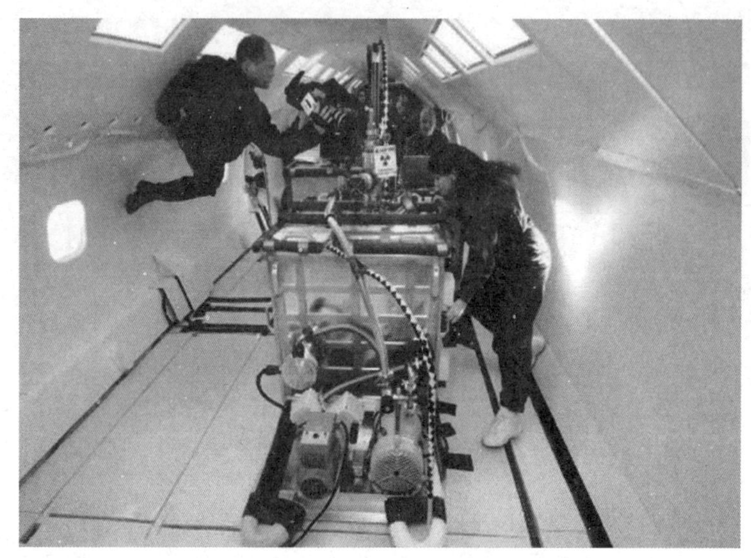

图1　兰利研究中心在失重状态下对EBF3进行测试

2. 美国太空制造公司开发适用于零重力环境的3D打印设备

美国太空制造公司（Made in Space）是一家专门从事研发太空3D打印技术及设备的企业，NASA选择该公司为其开发适用于国际空间站的3D打印设备。截至2011年秋，太空制造公司在NASA“飞行机会”项目的支持下，已对3种不同类型的3D打印设备进行了400多次微重力测试，以确定3D打印设备能否在零重力环境下正常工作。微重力飞行试验使太空3D打印技术的技术成熟度从2～3级提升至5级。2013年2月，太空制造公司获得NASA马歇尔太空飞行中心的合同，开发第一台太空3D打印设备。2013年5月，NASA表示，将于2014年联合太空制造公司将首台3D打印设备送入太空，以在真正的太空环境下对其进行测试。如顺利通过太空测试，这一3D打印设备可用于维修空间站，制造所需工具，以及在紧急情况下修复空间站的零部件等任务。

（二）研发太空3D打印技术

在太空3D打印技术领域，美国已开展了三项重要研究：一是已成功利用激光将仿月球岩石材料熔化，并利用3D打印技术将其制成零部件；二是启动“空间硬件的太空 3D 打印”项目，探索小型航天器等空间硬件太空 3D 打印的可行性；三是提出“蜘蛛制造”概念，以期实现在轨建造大型空间结构。

1. 利用 3D 打印技术将仿月球岩石材料制成零部件

美国在考虑“携带 3D 打印设备和制造材料进入太空，进行按需生产”的同时，也在探索能否实现“就地取材”，即直接利用其他星球的岩石或土壤材料进行生产。为此，美国开展了大量探索性研究。

早在 2010 年，美国华盛顿州立大学班德亚帕德耶教授带领的研究团队就对 NASA 提出的“能否利用 3D 打印技术将月球岩石直接制造为物体”的想法进行了论证。当时，NASA 向该研究团队提供约 4.5kg 科研用仿月球岩石材料（见图 2），这种材料由硅、铝、钙和铁的氧化物构成。研究团队发现这种材料的性质与硅十分相似，判断可以用其制造简单的形状。最终，该研究团队历经近两年的时间，于 2012 年 11 月成功利用 3D 打印技术将这种仿月球材料制成了一些基础形状（见图 3）和工具（见图 4）。

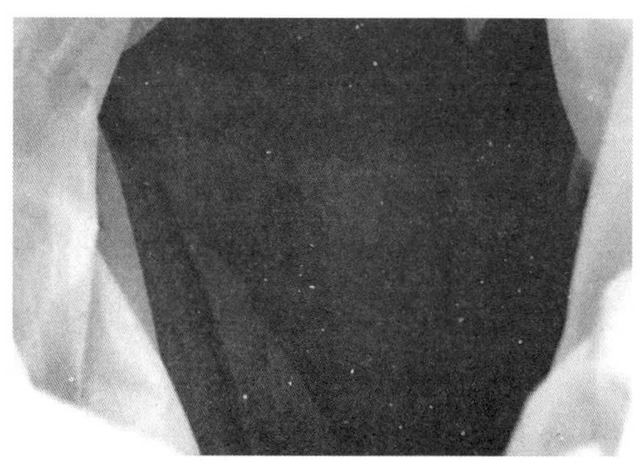

图 2　仿月球岩石材料

2013 年，在华盛顿航空航天技术创新联合中心和航空发动机-洛克达因公司的支持下，该研究团队通过激光成功地将仿月球岩石材料熔化，并利用 3D 打印技术将其制造成为小型科研用卫星零部件，使美国对“就地取材”的探索得以进一步发展。

图3　华盛顿州立大学用仿月岩石材料制成管状结构

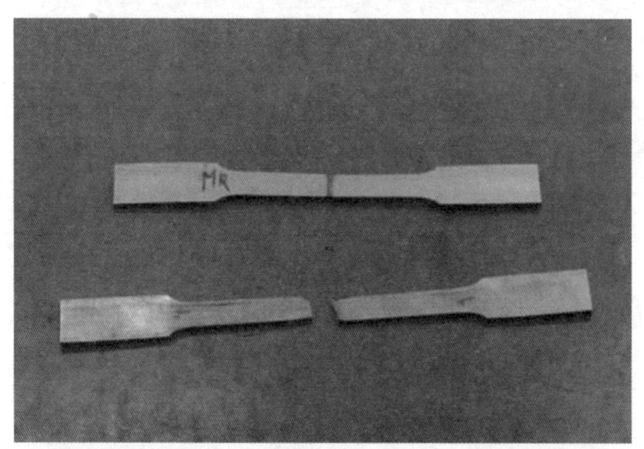

图4　华盛顿州立大学用仿月岩石材料制成的工具

2. 启动“空间硬件的太空3D打印”项目，探索小型航天器等空间硬件太空3D打印可行性

2013年7月，在NASA和美国空军的资助下，美国国家科学院工程和物理科学分部启动为期18个月的“空间硬件的太空3D打印”项目，对空间硬件（如全功能小型航天器）太空3D打印概念的可行性进行探讨。这些空间硬件主要用于执行NASA、空军和国家空间相关机构的太空任务。工程和物理科学分部将确定目前增材制造能力与空间硬件的太空3D打印所需能力之间的差距，包括科学技术领域和投资方式等方面；评估太空3D打印的空间硬件对发射需求、卫星和有效载荷总体设计，以及空间运行等方面的影响等。

此项目的启动将推动 NASA 进一步开展空间硬件的太空 3D 打印研究，为其对空间硬件的开发、测试、评估、发射、部署和在轨指挥与控制概念论证奠定基础。NASA 和空军太空司令部还将借助此项目，对空间 3D 打印的单个或多个航天器系统执行空间任务进行探索，并对实现小型航天器太空 3D 打印的概念进行评估。

3. 提出“蜘蛛制造”概念，以期实现在轨建造大型空间结构

当前，对于携带大型结构（如天线、吊杆和太阳能帆板等）进入太空的太空任务而言，所产生的发射成本和重量中有相当一部分是用于保障这些大型结构的顺利部署。而且这些大型结构的特征尺寸也会受其搭载工具尺寸的限制。为解决上述问题，2012 年 8 月，NASA 和系绳无限（Tethers Unlimited）公司提出了“蜘蛛制造”概念（见图 5），以期实现大型结构的在轨建造。

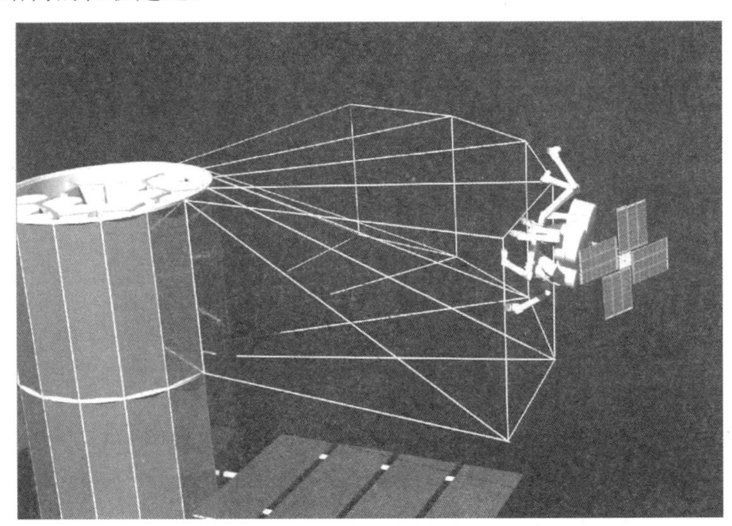

图 5 “蜘蛛制造”概念图

“蜘蛛制造”是在轨建造大型结构和多功能组件的一种 3D 打印概念。它将熔融沉积成形技术和复合材料自动化层叠方法相结合，可快速建造大型、高强度重量比的网格状结构。这一技术可支持使用一些小行星材

料以及地球轨道上的轨道碎片，实现“就地资源利用”。

未来，NASA将利用“蜘蛛制造”建造执行太空科学和探索任务的结构。“蜘蛛制造”可对高强度结构材料和导电材料进行集成，用以建设天线等多功能空间系统组件。利用“蜘蛛制造”，也可以建造空间结构的第二层或更高层结构，因此，这一技术可使天线反射器、相控阵天线、太阳能帆板和散热器的特征尺寸提高1～2个数量级。此外，这一技术还可对太空系统进行在轨维修和重新配置。

利用“蜘蛛制造”在轨建造大型、轻重量空间结构，将显著降低发射重量和体积，使太空任务可使用更小、价格更为低廉的发射工具。因此，“蜘蛛制造”有助于降低太空任务的全寿命周期成本。

（作者：宋潇　黄锋　宋文文）

美国研发基于可编程材料的 4D 打印技术

2013 年 10 月，美国科罗拉多大学博尔德分校的研究人员利用具有“形状记忆”功能的复合材料，成功演示了 4D 打印技术，制造出可根据外界刺激，按照预设的架构进行变形的物体。4D 打印技术如实现工程化，有可能在军事、太空和基础设施等领域得到广泛应用。

一、技术概述

4D 打印技术是美国麻省理工学院自组装实验室主任斯凯勒・蒂茨比博士提出的，国外尚没有一个权威的概念。斯凯勒・蒂茨比称，4D 打印技术就是利用多种纳米级可编程材料进行 3D 打印，同时增加变形能力的一种技术。

可编程材料是 4D 打印技术实现的关键要素，是一种可以根据用户输入或自主感应以编程方式来改变自身物理性质（如外形、密度、光学性能）的材料。基于这种可编程材料 4D 打印出来的物体，能够根据外界环境因素，如水、空气、温度、重力及磁场等的变化，按照预先设定的变形大小、位置、方向和时间，进行折叠、卷曲和拉伸等，形成所需形状，如图 1 所示。

4D 打印采用的是 3D 打印设备，但在其基础上增加了时间这一维度。3D 打印只能实现物体的一次成形，若要打印其他形状的物体，需要重新设计、建模所需物体三维结构。4D 打印则可以实现在制造出物体的初始架构后，在设定的时间内自动变形。

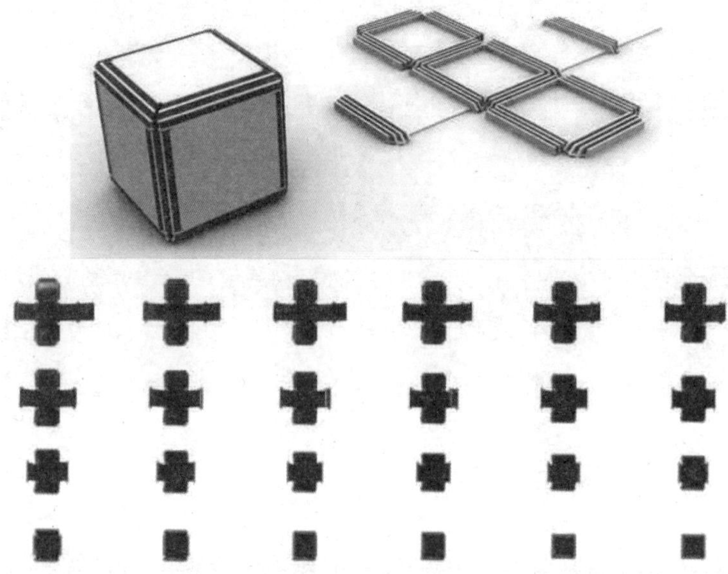

图1 4D打印物体变形示意图

二、发展现状

目前4D打印技术处于理论研究和技术演示阶段。美国正在研究可编程材料，并开发4D打印相关设计软件。

2013年2月，麻省理工学院自组装实验室与斯川塔斯公司合作，利用斯川塔斯公司3D打印设备制造了两根管状物体，在洛杉矶举行的“技术、娱乐和设计”大会上进行了首次演示。在演示中，两根管状物体，在水中自行折叠、弯曲，最后分别变形成一个立方体框架和麻省理工学院英文名称（MIT），如图2和图3所示。

2013年9月，美国陆军研究办公室授予三所大学——哈佛大学工程和应用科学学院、伊利诺伊大学和匹兹堡大学斯旺森工程学院一份价值85.5万美元的合同，由三所大学联合开展4D打印技术研究，研发一种纳米级的自适应性仿生复合材料。该项目计划用这种材料制造出三维结构组件，该组件能响应外部刺激，按照时序行为，改变形状、属性或功能。

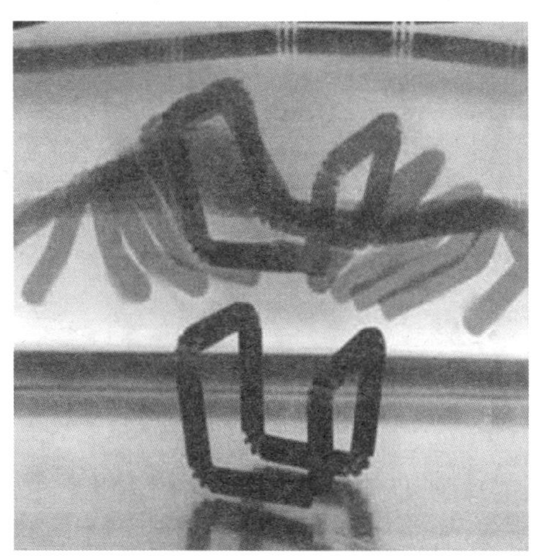

图 2　4D 打印立方体演示图

图 3　4D 打印 MIT 演示图

此外，在空军科学研究办公室和国家科学基金会的资助下，科罗拉多大学博尔德分校也在研究具有“形状记忆”功能的 4D 打印材料，并在 2013 年 10 月进行了演示。

欧特克（Autodesk）公司开发出 Cyborg 设计软件，对 4D 打印进行建模、仿真和设计优化。麻省理工学院自组装实验室在 4D 打印技术的研发过程中使用了这种软件，模拟了包括橡胶、塑料以及新型吸水材料在内的多种材料的自组装过程，优化了物体的折叠和变形顺序。

三、应用前景

目前，美军和 4D 研发人员十分看好它的应用前景。

陆军希望利用这项技术，研发可改变分子结构的汽车涂料，能够适应潮湿环境或碱性道路，从而更好地保护汽车免受腐蚀。同时还希望用于士兵服装生产，使得士兵制服图案、制服颜色能够根据环境变化自适应地改变，从而使作战人员能够更好地伪装，或者通过强化制服结构来抵抗外力威胁等。

美军还提出将这项技术应用于战场庇护所制造，利用 4D 打印技术生产出的庇护所，未启用时可以先对其进行封装保存，使用时再对这些庇护所进行喷水，庇护所使用的复合材料感知潮湿环境后，进行膨胀和自组装，从而完成庇护所的部署。

斯凯勒•蒂茨比博士称，4D 打印技术未来可在基础设施、太空领域得到大量应用。2013 年，麻省理工学院自组装实验室与波士顿 Geosyntec 公司合作，提出一种创新的基础设施制造方案，即利用 4D 打印技术生产地下水管。这种地下水管可通过膨胀或者收缩控制水流和水速，还可通过自身起伏波动来自动传送水流，从而使水管能够根据不同的水量或水流进行自动扩张，避免因管道铺设和维修而需要重新挖掘地面所带来的麻烦。

4D 打印技术也可能用于太空这种极限环境。例如，大型天线需要航天器将其携带至太空，受搭载工具尺寸的限制，其特征尺寸也受到影响，且因其体积较大，导致发射成本偏高。通过使用可编程材料，实现大型天线在特定环境下的自组装，变形为预设的结构，有望大幅降低太空探索的成本。

四、结束语

4D 打印技术作为 3D 打印和可编程材料的结合，为未来“智能”制造提供了一种新的技术途径。它是一个全新的概念，目前并不成熟，国外相关文献资料也很少。鉴于 4D 打印技术有望在未来带动生物科学、材料科学的发展，对军事、基础设施和太空等多个领域带来重大影响，有必要对其开展进一步跟踪研究。

（作者：宋文文　黄锋　乔榕）

国外军事电子装备研究

2013 年国外军事电子装备发展综述

2013 年，世界军事电子装备继续保持快速发展态势。新型指挥控制系统加速发展和部署，卫星通信系统平稳发展，预警侦察装备建设取得新进展，不依赖 GPS 导航取得突破，电子战装备攻防能力稳步提升。

一、指挥控制系统一体化持续推进，增强多方面作战能力

指挥控制系统是作战的重要信息基础设施，是掌握战场制信息权的基础和先决条件，实现指挥控制系统的一体化，可有效提高指挥决策时效性，并全面提升部队战斗力。目前，世界军事强国继续提升指挥控制系统一体化程度，增强多方面作战能力。

一是建设指挥控制中心与新型武器装备之间的互联互通。2 月，美国空军启动战役级指挥控制中心升级改造，以增强未来 F-35 战斗机联合作战能力。二是加强指挥控制系统与作战系统一体化。美国海军一直致力于推进海上整体作战的一体化，2013 年美国空间与海战系统司令部启动指挥、控制、通信、计算机、情报、监视与侦察、作战系统（C5ISR）项目，加强新增潜艇和舰艇的 C5ISR 能力建设。三是推进一体化防空反导指挥控制系统验证。11 月，美军新研发的一体化防空反导作战指挥系统在红石兵工厂完成前期能力演示验证。该系统为防空反导系统提供参谋规划器、综合防御设计器、火力控制网络管理器等多种新工具，改变了过去各个防空和反导系统单打独斗的模式，通过充分的信息共享和统一控制，增强不同武器系统之间的协调能力，提升系统导弹拦截能力。四是部署新型战术指挥系统。俄军 2013 年启动部署“仙女座-D”自动指挥控制系统，该系统采用数字通信设备，具有灵活的移动性，可适应

高机动性作战，且可以提高士兵一体化作战指挥水平。

二、卫星通信系统和国防信息基础设施建设取得新进展，战略通信能力稳步提升

2013年，主要军事强国继续发展卫星通信系统，积极推进国防信息基础设施建设，加速战略通信能力的发展。

（一）战略通信卫星能力不断增强

卫星通信一直是美军通信能力的重点发展方向，美军在加快传统卫星通信系统部署的同时，还首次进行了新型激光通信系统地月通信测试。3月、8月，美军成功发射两颗“宽带全球通信卫星”，进一步扩大了宽带卫星通信覆盖范围；7月，美国海军成功发射第二颗移动用户目标系统卫星，提高了系统通信容量和安全性；9月，第三颗“先进极高频”通信卫星成功发射，入轨后与之前两颗卫星组成星座，增强了美军“动中通”能力。此外，美国航空航天局新型激光太空通信系统首次进行地月通信测试，下行速率高达622 Mbps，是目前无线卫星通信系统的6倍。轻质、低功率、高传输速率的空间激光通信系统或将成为未来卫星通信系统的主力。

印度发射首颗军事专用卫星，以增强其海军通信能力。为摆脱对国外卫星系统的依赖，推进印度海军远海能力建设的实施，8月印度发射了GSAT-7卫星，成功发射后，其海军舰船和舰载机等都可通过该卫星进行全时段通信，其通信能力大大增强。未来印度还计划发射GSAT-7A卫星，为印度空军和陆军提供通信服务。

（二）国防信息基础设施建设稳步推进

近年来，欧盟联合机动部队在联合作战中暴露的问题众多，由于各国通信系统不统一，而不得不依赖美国国防信息基础设施进行通信的问

题尤为突出。为了解决这一问题，降低对美国的依赖，提高多国行动协同度，欧洲防务局于 3 月启动了未来通信项目。该项目将清点欧盟各国现有和即将服役的军事通信资产（包括军事卫星通信系统、地面战术通信和专业移动无线电等），统一通信标准，协调无线通信频段，进一步增进系统间的互操作性。该项目是欧盟首次对其军用通信资产进行清点，将为统一的信息基础设施建设打下良好基础。

针对现有的美国海军陆战队内联网不能满足日益增长的军事需求的客观事实，为提高运行效率、信息保障能力和网络安全性，美国海军 7 月启动了“下一代企业网”研发工作，总耗资高达 34 亿美元。“下一代企业网”将采用三种新型信息技术：一是云计算技术，降低对硬件设备的数量需求，同时保证运行效率的提升；二是虚拟化技术，提高网络事务虚拟化程度，降低运行成本；三是新型网电防御技术，提升网电防御能力，提高网络安全性。

（三）美国、俄罗斯积极发展网络通信

随着情报、监视和侦察装备性能的提升，其产生的数据量越来越大，战场态势信息也越来越丰富。为提升通信系统对情报、监视和侦察装备的支撑能力，满足战术战役的相应作战需求，美、俄积极发展网络通信能力。

一是提升平台空空与空地通信能力。1 月，美军启动“100 Gbps 射频骨干网”项目，研究在恶劣天气情况下实现机载平台与地面之间，远距离机载平台间的大容量通信，将实现带宽 100 Gbps 的空空与空地通信。二是提升陆军通信能力。3 月，美国陆军首次部署“动中通”通信网络，增强部队间的数据传输能力，提高语音通信质量，保障态势感知数据传输的实时性。三是提升平台数据链兼容性。美军首次将多功能信号分发系统-联合战术无线电系统部署在 2008“职合星”侦察机上，该系统可兼容 Link 16，实现近乎实时战术数据交换。四是提升通信系统抗干扰性。6 月，俄罗斯空军开始为远程航空兵装备新型通信系统，该系

统具有更强的抗干扰性，可使战略轰炸机快速实现再次瞄准。

三、稳步推进情报、监视与侦察装备建设，态势感知能力不断提升

情报、监视与侦察装备一直是美军近年来的建设重点，2013 年取得了多项关键性进展。

一是美国陆军“联合对地攻击巡航导弹防御空中联网探测器系统”（JLENS）测试成功。2 月，JLENS 在白沙靶场测试中成功完成对战术弹道导弹的探测与跟踪，实现了与地面/海面防空反导系统相配合，可有效探测远距离、高速、低空/超低空突防目标。二是美海军 E-2D“先进鹰眼”预警机进入全速生产阶段。该预警机在航母编队中担负重要的空中预警和指挥任务，被誉为航母编队的神经中枢；预计将于 2014 年年底实现初始作战能力，使美国海军舰队在网络中心战管理能力和态势感知能力方面实现质的飞跃。三是美国海军启动生产下一代防空导弹雷达（AMDR）。AMDR 具有高灵活性和可扩展性，可装备至海军不同的舰船平台，提升舰船对空中目标的探测能力。可以预测，未来这些装备的正式服役将有效配合美军“空海一体战”作战理论，增强其反区域拒止作战能力。

俄军加速提升导弹预警能力建设。自苏联解体后，俄罗斯就一直饱受导弹预警盲区的困扰。加之北约东扩和欧洲反导系统的稳步推进，都使俄军更加重视导弹预警能力建设，加紧在国内建设先进预警雷达站。2013 年年初，俄军启动了 3 座“沃罗涅日”新型雷达站建设工作，将分别部署至克拉斯诺雅尔斯克东部、阿尔泰南部和奥伦堡。该新型雷达站具有以下特点：

一是高度工厂预制化。可通过更换相应模块迅速完成日常维修和系统升级，进行现代化改造，完善性能。二是探测多样化。可通过快速改装实现波段调整，用于检测战术导弹、卫星或卫星残片等。三是功能强大化。可同时监控 500 个目标，监控范围达 6000 km。新型雷达站的启

用除提高俄军预警能力、应对欧洲反导系统建设外，还可监视我国西部空域，对我国构成一定威胁。

近年来，日本与周边国家摩擦不断，中日钓鱼岛、韩日竹岛、俄日北方四岛等危机不断加深，日本政府明确表示要加强国防建设，加速建设预警侦察系统。2013 年 1 月，日本发射“雷达-4 号”侦察卫星，与在轨卫星“雷达-3 号”、“光学-3 号”、“光学-4 号”组成空中情报系统“四星体系”。5 月，“雷达-4 号”侦察卫星正式投入运行，标志着“四星体系”已具备每天对全球任意地点至少侦察一次的能力，其战略侦察能力得到大幅提高，是日本具有独立战略情报侦察能力的一个标志性事件，将会对整个东亚地区的安全局势产生一定的影响。

四、卫星导航系统竞争格局凸显，不依赖 GPS 导航技术取得突破

卫星导航系统已成为现代军事行动的基石，世界主要军事大国都非常重视卫星导航系统的发展和改进。美国继续 GPS 现代化计划。2 月，美军启动生产新一批 4 颗 GPS Ⅲ全球定位系统卫星；5 月，第四颗 GPS ⅡF 卫星发射升空，其授时精度更高，抗干扰能力更强。俄罗斯“格洛纳斯”系统星座更新计划受挫，7 月 3 颗卫星发射失败。为弥补发射失败造成的损失，俄罗斯计划在 2014 年发射 4 颗卫星。欧洲“伽利略”系统 4 颗在轨验证卫星 3 月成功组网，完成首次三维定位，精度可达 10 米。但由于发射计划推迟，“伽利略”正式卫星的首次发射将在 2014 年中后期进行。这些动态表明，虽然卫星导航系统竞争激烈，但美国仍是发展最顺利的国家。

印度为了完成其从亚洲军事大国到全球性军事强国的转变，积极发展国防事业，建设自有的卫星导航系统成为其重点发展方向之一。7 月，印度区域卫星导航系统（IRNSS）首颗卫星发射成功。2015 年印度将建成整个 IRNSS，有助于印度摆脱对国外卫星导航系统的依赖，有效提高

印军的作战能力，强化印军对印度洋海区的控制，有利于印军“远洋战略”的实施。IRNSS同时也对我国形成了威胁：一是IRNSS有效增强了印军“大地”、“烈火”和“布拉莫斯”等导弹对我国长江以南地区的远程精确打击能力；二是IRNSS提高了印军东北部边界山区的监控能力，特别是提高了印军在喜马拉雅山脉复杂地形中的作战能力。

卫星导航具有一定的局限性，易受恶劣空间环境影响、易被攻击和干扰、城区卫星信号易受屏蔽、难以覆盖室内和地下区域等。美国已将不依赖卫星的新导航技术作为重要研究方向，多种技术解决方案均在2013年取得进展。一是Locata网络定位系统。1月，Locata网络定位系统白沙靶场实地测试，测试结果表明该系统可在GPS拒止情况下满足军用导航定位需求。二是DARPA全源定位导航技术项目进入第二阶段。该项目将研制全源定位导航原型系统，开发新的导航传感器融合技术，增强GPS拒止环境下的导航定位能力。这些技术的实用化将增强美军的精确打击能力，防止导弹、无人机被伪GPS信号诱导甚至“诱拐”。

五、美军关键电子战项目进展顺利，电子攻防技术得以提升

美军继续推进电子战系统向自动化和智能化方向发展。一是改进电子对抗装备。5月，美海军水面电子战改进计划进入第二阶段，重点改进接收机及其天线，提高敏感度和判断精确度，提升系统整体电子侦察能力。二是推进新装备验证。6月，美海军下一代干扰机顺利通过技术成熟化验证，将装备EA-18G“咆哮者”电子战飞机，增强美军瘫痪敌方通信与指控的能力。三是研发新技术。9月，DARPA的自适应雷达对抗项目启动关键算法研发。作为美军下一代电子战关键技术，自适应雷达对抗技术将增强机载电子系统探测和对抗自适应雷达能力，保障美军夺取空中优势。

（作者：李方）

国外雷达发展动向分析

现代雷达面临的危险和电磁环境日趋复杂，各种有源、无源干扰，低空、超低空突防，反辐射武器，特别是隐身技术等都对雷达提出了更高的要求。当前，国外雷达发展显现以下动向。

一、提高现有雷达对隐身目标的探测能力

应用隐身技术可显著提升作战平台的突防和纵深打击能力，为此，美国、俄罗斯等军事强国均大力发展应用了隐身技术的作战平台。隐身装备种类的不断扩展及数量的不断增多，使现有雷达面临严峻挑战。提升现有雷达对隐身目标的探测能力已成为雷达的重要发展方向。

由于超视距雷达和米波雷达都工作在隐身飞机雷达吸波涂层有效频段之外，能够使其喷涂的吸波涂层无法有效发挥作用，从而成为近年来美国、俄罗斯、澳大利亚等国积极发展的雷达。

美国海军研制并装备了 AN/TPS-71 机动式超视距雷达，目前正在实施升级改造，以期通过高速数据处理器和先进分析软件的使用，提升其对目标的分析判断能力，使雷达探测距离从 2963 km 提升至 4630 km，方位从 64° 扩展到 100° ，从而提升对隐身目标的探测能力。

俄罗斯的发展重点是米波雷达。2008 年俄罗斯启动了 Nebo-M 雷达系统的列装工作。该雷达系统采用了有源相控阵和先进处理技术，利用 3 部雷达分别从正面和侧面对隐身目标实施探测，能够有效增大雷达截面积（目标的反射面积），从而提高对隐身目标的探测能力。俄罗斯 1999 年就已开始研制“沃罗涅日”系列预警雷达。该系列雷达利用米波段电磁波传输相对稳定、有效散射较大的特点，实现对隐身目标的探测能力。目前，俄罗斯已部署了 5 部“沃罗涅日”系列雷达，并将在 2020 年前再

部署7部，以不断增强俄罗斯雷达对隐身目标的探测能力。

澳大利亚则重点发展超视距雷达。在“金达利”超视距雷达列装后，澳大利亚于2012年完成了耗时7年投资7000万美元的升级改造计划，旨在提升其对隐身目标的探测能力及对海上和空中目标的跟踪能力，使该雷达能够在较好大气条件下，实现3000 km以上的有效探测。

二、研制探测隐身目标能力更强的新型雷达

在提升传统雷达能力的同时，以美国为首的军事大国还通过发展探测隐身目标能力更强的新概念雷达，如多输入/多输出雷达（MIMO雷达）和量子雷达，提升对隐身目标的探测能力。

MIMO雷达，又称分布式雷达。该雷达使用多个收发天线，实现对目标的多角度探测，从而改善目标信息获取的数量和质量，显著提高对隐身目标的探测能力。该概念由美国麻省理工学院林肯实验室于2003年提出，目前仍处于理论和实验阶段。最新实验表明，在X波段，MIMO雷达系统对隐身目标的探测性能明显优于相控阵雷达。日本亦于2011年启动了主要用于探测隐身飞机的双基地MIMO雷达研发计划。

量子雷达是利用电磁波载体（光子）的量子特性，对目标进行成像的雷达系统。与传统雷达只能对目标反射信号进行探测不同，量子雷达可直接对探测目标进行成像。隐身目标采取的任何吸收、反射和截获光子的行为，都会因改变了光子的量子特性而被量子雷达所感知，从而无处遁形。为此，以美国为代表的发达国家正在进行相关研究。2012年12月，美国罗彻斯特大学光学研究所已成功演示了量子雷达的工作原理，实现了利用偏振光子对隐身目标的探测和成像。

三、提高复杂电磁环境下的抗干扰能力

现代战场环境中，电磁环境日益复杂，各种电磁信号密度明显上升、

样式种类繁杂且动态交迭，同时新的干扰技术（如侦察干扰一体化、密集假目标、灵巧噪声欺骗式干扰、分布式干扰和智能干扰）不断涌现，使传统的雷达抗干扰方法面临着失效威胁，为此，提高复杂电磁环境下的抗干扰能力成为各国雷达发展的重要方向之一。目前，国外主要发展的有数字阵列雷达和认知雷达。

数字阵列雷达是一种发射和接收波束都以数字方式实现的全数字相控阵雷达，其核心组件是全数字收/发组件。主要采用数字波束形成技术、空时自适应处理、先进信号处理算法、频率分集、捷变频等技术提高抗干扰能力。美国于 2006 年研制成功数字子阵列，部分数字化的阵列雷达（AN/APY-9 雷达）已于 2011 年配装在海军 E-2D 舰载预警机上。目前，全数字化数字阵列雷达仍处于工程研制阶段。

认知雷达是由发射机、接收机和雷达工作环境共同组成的一个动态的闭环系统，该概念于 2006 年提出。认知雷达能够自动感知空间的电磁环境，并基于感知到的环境信息和其他预先获取的信息改变发射波形，智能选择抗干扰方式，从而提高抗干扰能力，是智能抗干扰雷达的代表。2011 年，美国国防先期研究计划局已研制出认知芯片。

四、提高与作战平台结构一体化和射频功能综合化水平

为提高平台的作战能力，各国不得不为各种平台配备越来越多的雷达、通信和电子战装备，并通过不断增大发射机功率和发射天线增益提高有效辐射功率。这些装备的增加，既削弱了作战平台的机动能力，又增加了机动平台被探测到的概率，降低了生存能力。为解决这一问题，国外积极发展与平台共形的雷达天线技术和实现射频功能综合化的技术。

雷达与平台共形的结构一体化是指雷达与平台表面共形，既不影响平台的机动性能，又不增加雷达散射截面积，同时还可产生相对较大的有效孔径，可在确保作战效能的同时提高生存能力。其中，机载共形雷

达发展最为迅速，已研制出与平台部分共形的机载雷达，如以色列的G550“海雕”预警机雷达；正在研制与飞机舰艇、机身表面完全结合的宽波段共形雷达，如美国的“传感器阵列与艇体结构一体化”（ISIS）飞艇项目和法国的“阵风”战机升级项目，都计划采用新型材料在机身接入共形天线阵，使其具备360°的多功能有源和无源探测能力。2012年，美国ISIS项目已实现了飞艇与雷达天线系统孔径的一体化集成。

射频功能综合化主要是指雷达—通信—电子战的一体化，就是使用通用型射频模块、天线阵列与综合处理单元，实现雷达、通信和电子战多种功能的集成，从而达到资源的高度共享和效能最大化。目前，美国已实现了雷达、通信、电子战系统在机载、舰载平台的信号及数据处理端的综合，正在推进射频模块和天线端的综合化。例如，美国空军F-22战斗机，采用了天线孔径、射频、信号处理等硬件共用技术，初步实现了机载雷达、通信和电子战射频功能的综合化；美国海军已完成“先进多功能射频概念”的平台测试。

五、发展能够完成多项任务的雷达

多任务雷达是指能够同时完成多项任务的雷达系统。其所完成的任务可涵盖监视、搜索、跟踪、交通管制等诸多方面，并能应对来自巡航导弹、弹道导弹、无人机等的威胁。为此，美国、英国等国家积极发展多任务雷达，启动了多个研究项目。

美国开展了舰载“双波段雷达”和“防空反导雷达”，以及陆基“地/空任务雷达”等多任务雷达的研制工作，目前均已取得阶段性进展。其中，“双波段雷达”于2012年完成地面测试，正为上舰做准备，“防空反导雷达”也于2012年进入技术开发后期，预计这两种雷达将在2020年前后完成研制工作。美国陆基“地/空任务雷达”2013年成功完成对无人机、巡航导弹和战术飞机探测的多项测试，预计2020年前后实现完全作战能力，并取代现役的TPS-63（防空）、TPS-73（空中交通管制）、MPQ-62（近程防空）、TPQ-46（反火力目标搜索）及 UPS-3（目标跟踪）5 种雷达。

英国投资 1 亿英镑研制“工匠”舰载三坐标中程监视雷达，旨在开发能够探测到快速海岸攻击舰及杂波下的小型空中目标，具备监视、目标跟踪及敌我识别等能力，支持近海作战的多功能雷达。该系统将装备到英国 23、26 型战舰、两栖舰及“伊丽莎白女王”级航母上。2013 年，“工匠”雷达成功进行了超声速目标探测能力测试。

除上述雷达外，国外还在发展机载和星载合成孔径雷达。为探测地面动目标，并提供清晰图像，2012 年美国国防先期研究计划局启动了机载“视频合成孔径雷达”项目，其工作频率将达到 170 GHz 以上，能够在 100 m 的视场内以大于 5 Hz 的帧频提供分辨率为 0.2 m 的图像，并具备地面动目标指示能力。同年，美国成功演示了世界上首个工作频率在 0.85 THz 的固态接收器，为机载“视频合成孔径雷达”研制奠定了基础。

在军事需求牵引和技术进步的“双轮”驱动下，雷达正向着多任务、一体化、网络化和智能化方向发展，新体制应运而生，新概念不断涌现，升级改造成为提升雷达性能的重要手段。为应对隐身目标、复杂电磁环境等威胁，我国应及时把握世界雷达发展新动向，采取积极、有效措施，建立雷达、通信、电子战、计算机、微电子等多领域、跨学科协同研发平台，进一步提高雷达研发水平，缩小与国外先进水平的差距。

（作者：黄娟娟）

量子信息技术及军事应用前景分析

量子信息技术是量子物理与信息技术相结合的新兴学科，主要包括量子通信、量子计算、量子测量等。其在确保信息安全、提高运算速度、增大信息容量和提高检测精度等方面具有突破现有信息系统极限的能力，潜在应用前景广阔，是目前最具吸引力的前沿领域之一。近年来，美国、欧洲、加拿大等国家和地区高度关注并大力发展量子信息技术。2013年，量子信息技术领域不断取得重大突破，正在走向成熟。

一、最新动向分析

2013年，量子信息技术领域发展迅速：量子密钥实现传输距离新突破，进一步向实用化方向发展；512量子比特量子计算机在实验演示中展现出超高速计算能力；量子雷达、量子传感等量子测量技术取得多项进展。

（一）量子通信取得传输距离新突破

量子通信利用量子纠缠效应进行信息传输，提供了一种理论上不可窃听、不可破译的绝对安全的量子密钥体制。根据传送信息类型不同，量子通信可分为两类：一是狭义量子通信，即利用电缆、光纤等传统信道传送经典信息，如量子密钥、量子身份认证等；二是广义量子通信，即利用量子信道传送量子信息，如量子隐形传态、量子通信网络等。

2013年，量子通信领域主要取得三大进展。一是研制出一种单光子源制备的新方法。量子密钥实用化的关键是传输距离，单光子源的制备是提高光纤中量子信息传输距离的一项关键技术。4月，美国密歇根大学研究人员采用基于氮化镓硅基材料纳米线的光子发射器，通过逐步缩小纳米线的尺寸，在极小的区域调节其成分，获得单个量子点，而后在电激发下成功发射出单个光子，实现了量子密钥传输。这种单光子源制备方法对提高量子密钥在光纤中的传输距离具有重要意义。二是量子密钥在自由空间传输距离实现新突破。4 月，德国航空航天中心研究人员采用激光束发射系统在飞机和地面站之间成功进行量子密钥传输，实现了自由空间量子密钥传输距离的新突破。该技术还可集成到现有光通信系统中，通过卫星进行全球分发，可大幅提高光通信系统的安全性。三是光子在水晶中的静止时间记录被刷新。7 月，德国科学家用“电磁感应透明”效应技术，使水晶透明化并成功捕获光子，这种方法可使光子在水晶中的静止时间长达 1 min，打破了之前 16 s 的记录。光子在水晶中静止时间的突破为远距离量子通信的核心技术——量子中继器的研制奠定了重要基础，向实现广域量子通信网络又迈进了一步。

这些进展有力地推动了量子通信的发展，但从整体发展情况看，仅量子密钥传输较为成熟，已接近实用化。量子隐形传态、量子通信网络等广义量子通信技术短期内还不可能实用，真正意义上的量子通信还比较遥远。

（二）量子计算在运算速度和数据存储方面进展显著

量子计算是利用量子态的相干叠加性进行编码、存储和计算的一种新兴计算技术，其基本信息单位是量子比特。量子计算机是存储及处理量子信息的物理装置，其通过控制原子产生的叠加态和纠缠态来记录和运算信息，极大地提高了计算和存储能力。量子计算机的突出优势有两个：一是能够实现量子并行计算，大幅提高运算速度；二是数据存储能力极高，n 个量子比特可存储 $2n$ 个数据。

2013 年，量子计算主要进展有两项。一是加拿大 D-Wave 公司的 D-WaveⅡ商业专用量子计算机在实验室得以应用。10 月，该公司以全新超导处理器为基础的 512 量子比特 D-WaveⅡ商业专用量子计算机通过测试，并开始服务于美国航空航天局的量子人工智能实验室，其运算能力比配备英特尔处理器的普通计算机快 1.1 万倍，极大地提升了计算速度。二是研制出可用于量子信息处理的光开关。8月，在美国空军资助下，麻省理工学院电子实验室通过控制单个光子，实现了可用于量子信息处理的光开关。这是实现量子计算和存储的一项关键技术，标志着量子计算又取得一项阶段性成果。

虽然量子计算已取得多项重要进展，但其在量子算法、量子编码和量子物理体系等方面还面临许多技术挑战，目前量子计算机还处于试验测试阶段，距离实际、有效的应用还相去甚远。

（三）量子雷达、量子传感等量子测量技术取得新进展

量子测量是利用量子纠缠，对某个物理量进行更高精度测量的方法和技术。目前的研究热点主要集中在量子雷达、量子传感等领域。量子雷达是将量子信息调制到雷达信号中，从而实现目标探测的电子设备。量子传感是利用量子信号对环境变化的极高敏感性，提高测量精度的一种新型传感器。

近期量子测量领域主要进展有：一是美国陆军于7月利用激光冷却原子的方法在量子传感器领域取得突破，大幅提高了GPS拒止环境下的导航和探测能力。二是美国高级研究计划局的“量子辅助传感”项目于5月首次可对活性生物体进行量子成像，成像能力达400 nm，提升了对微观生物的成像能力。三是量子雷达的隐身目标探测能力首次成功得以验证。2012年12月，美国罗切斯特大学光学研究所利用量子雷达，成功对隐身飞机有源雷达干扰机进行了抗干扰实验，这是世界上首次应用量子理论研制成功的量子雷达系统。目前，量子雷达的理论已经成熟，但受关键技术及器件的限制，其研制还处于技术探索阶段。实验证明，将量子原理应用到雷达中，可使雷达探测到具有欺骗能力的隐身目标。

二、军事应用前景展望

量子信息技术是一个较新的技术领域，其发展目前还面临许多技术

障碍。但随着各种关键技术和核心器件的发展和完善，量子信息技术必将对军事领域带来重大影响，呈现出广阔的军事应用前景。

（一）量子密钥传输可确保军事通信的安全性和保密性

量子信息的窃听可知性决定了量子密钥传输具有天然的安全性。此外，量子信息传输既无电磁波辐射，也无强光波辐射，这使敌方很难对量子密钥进行截获或破坏，利于进行隐蔽通信，可提高信息传输的安全性。此外，通过量子加密设备与现有光纤通信设备的融合，还可改进目前军用光网信息传输的保密性。

（二）量子通信可大幅提升水下通信质量

当前使用的对潜通信系统规模庞大、通信质量差、效率低、造价高，严重影响水下通信的质量。量子通信因其与传输媒介无关，不受海水影响，获得可靠通信所需的信噪比比光、电等传统通信手段低 30～40 dB 左右，显现出量子通信技术在深海远洋通信方面的优势。

（三）量子计算有助于情报数据实时分析和军事目标图像判断

虽然量子计算技术距离实际应用还比较遥远，但强大的并行计算能力使其在军事领域展现出良好的应用前景。量子计算可实现对侦察情报数据的实时分析和综合，可快速对情报系统截获的信号数量和类型进行判断，在查找重复或周期性图形方面功能很强，可提高军事信息系统的综合分析及决策能力，有助于对坦克、飞机等已知形状军事目标的搜寻和图像分析。未来，将有可能应用于多种作战平台、指挥通信中心及武器系统。

（四）量子测量在隐身目标探测、精确导航和精密探测等领域具有重要应用价值

由于量子雷达可将环境对雷达信号的干扰降至最低，对目标进行清

晰成像，其在隐身目标探测方面能力突出。此外，光纤传感器在精密测量和探测、精确导航和制导等领域发挥着非常重要的作用，如光纤水听器对潜航探测非常重要，光纤陀螺仪在精确制导武器和导航方面也具有重要的应用价值。

三、认识

作为一种战略性前沿技术，量子信息技术具有计算速度快、安全保密性高、探测能力强等优点，在指挥控制、情报侦察、军事通信等领域应用前景广阔，已成为各国激烈争夺的技术制高点，竞争日趋激烈。

目前，从整体上看，量子信息技术还处于起步阶段，虽在某些领域已取得一些阶段性成果并开始零星应用，但距离大规模工程化应用还为时尚远。

（作者：冯清娟）

美国高功率微波武器研发取得重大进展

高功率微波武器技术研究可追溯到1949年，苏联率先开展相关研究并引领技术发展。20世纪60年代，美国也启动了高功率微波武器基础研究，并在80年代“星球大战”计划中将其列为重点发展的空间武器。1991年苏联解体后，美国后来者居上，在该领域保持技术领先。进入21世纪，信息优势的争夺愈发激烈，美、俄、英、法、德、日、印、韩等国家和地区积极开展相关研究。目前，已经装备的高功率微波武器主要有两类：第一类是高功率微波发射系统，体积庞大，仅限于车载和舰载，能重复发射高功率微波脉冲。第二类是微波炸弹，体积较小，可安装到炮弹、火箭弹、导弹或飞机上，但只能一次性使用。2012年10月，美国试验的“反电子设备先进高功率微波导弹”（以下简称“微波导弹”）可安装在巡航导弹、无人机等空中平台上，且可重复发射高功率微波脉冲。这填补了空基高功率微波武器重复发射微波脉冲的空白，标志着美国空基高功率微波武器研发取得重大进展。

一、概念及特点

高功率微波武器是一种定向能武器，可在极短时间内定向辐射强电磁脉冲，通过与目标电子设备的天线或孔缝耦合进入设备内部，干扰或损坏其关键电子元器件，致使电子设备无法正常工作。其工作频率为100MHz～300GHz，脉冲峰值功率在1GW以上。高功率微波武器具备抑制敌方获取和利用信息的能力，是夺取制信息权的下一代先进武器。

按平台种类不同，高功率微波武器分为地基（海基）、空基和天基三种类型。地基（海基）高功率微波武器以车辆、坦克或舰船等为平台，目前主要用于反精确制导武器等近程防御，未来发展目标是反卫星；空基高功率微波武器主要以无人机或巡航导弹为平台，主要用于攻击地面电子信息系统；天基高功率微波武器以卫星为平台，主要用于反卫星或临近空间目标，战略应用价值极高。目前，前两类已试用或投入使用，第三类尚处于研发初期。

与以往高功率微波武器相比，微波导弹特点突出：一是可重复发射高功率微波脉冲，实现了一次任务攻击多个区域的多种目标，效费比和作战效率大幅提高；二是以巡航导弹为载体，机动性更强，可从防区外发射，深入敌方腹地实施攻击。

二、项目试验及创新点

2012 年 10 月，美空军研究实验室联合波音公司在希尔空军基地犹他州靶场进行了微波导弹项目的首次作战飞行试验。试验中，微波导弹从载机发射后，按照规划航迹飞行了 1 个小时，相继向沿途 7 个不同区域的目标发射了高功率微波脉冲，致使目标建筑物内的多种电子装备失效。这表明微波导弹能在一次任务中重复发射高功率微波脉冲，标志着美国在高功率微波武器微波源小型化和平台适应性等关键技术领域取得重大突破。

美国空军于 2009 年启动微波导弹项目，耗资 3800 万美元，波音公司、凯德公司和桑迪亚国家实验室共同参与，目的是研制以巡航导弹为平台、可重复发射的高功率微波武器。根据国外公布的相关视频和访谈判断，此次试验的导弹平台很可能是波音公司的传统空射巡航导弹——“防区外联合空地导弹”。该导弹长 4.27 m，直径 0.457 m，战斗部载重约 450 kg。目前，已进行过两次飞行试验：第一次于 2011 年 5 月完成，主要测试系统控制和目标瞄准能力，没有进行目标攻击试验；第二次即此次试验，主要验证对多个区域不同目标的攻击能力。

目前，美国高功率微波武器研发主要集中在脉冲功率源、高功率微波源、定向辐射天线和控制系统四个方面。但其关键技术研发长期处于高度保密状态，从零星透露的情况及相关科研安排和合同任务来看，微波导弹主要突破了以下五项技术难点：一是应用了紧凑型可重复发射的高功率微波源，解决了“上弹”的体积问题。相对论磁控管和线性加速器具有工作效率高、结构简单、体积小、结实可靠等特点，可在较宽的微波范围内工作，能够产生吉瓦级高功率微波脉冲，有利于微波源的小型化和高功率微波的产生。目前，微波导弹的微波源提供商——凯德公司已研制出峰值功率高达 70 GW 的微波源。二是初级能源小型化、轻型化。高能锂离子电池、超级电容器具有能量密度高，充电速度快，充放电线路简单，体积小等特点，有利于实现初级能源的小型化，适合用作微波导弹。目前，微波导弹的初始能源提供者——能源部桑迪亚国家实验室正在重点发展这两类电池。三是微波天线高增益、共形化。采用共形天线可与弹体表面融为一体，不仅节省空间，且能扩大天线孔径，有利于能量聚焦和天线小型化。四是攻克了与平台结合的相关技术，包括天线共形、电磁兼容等，解决了系统集成问题。五是突破了弹载条件下的目标动态跟瞄和波束控制技术，可确保打击准确度。

三、发展趋势

通过对国外近期科研投入及重点分析可以看出，未来高功率微波武器技术将继续向四个方向发展：一是高功率微波源将向高功率、阵列化、小型化方向发展，毁伤力度和便携性将进一步增强；二是脉冲宽度和工作频带不断拓宽，作战效能进一步提升，应用范围更加广泛；三是注重发展与多种平台相结合的技术，借助平台特性，形成新的战斗力；四是更加重视高功率微波效应研究和高性能仿真技术，微波毁伤效能评估准确度将进一步提高。

四、影响分析

作战飞行试验成功标志着美国向微波导弹实用化迈出了重要一步。随着各方面技术的深入发展和成熟，微波导弹将对未来战争产生重要影响：一是微波导弹的作战范围将扩大，打击目标更广泛。此次试验摧毁的是地面电子系统，未来，小型高功率微波武器如安装在无人机、弹道导弹上还可将摧毁、破坏目标的范围扩大到空中作战平台的电子系统和太空的卫星系统等。二是有望改变未来作战的形式。微波导弹是一种区域性定向能武器，能够对目标系统中关键、敏感、易损的电子电路造成干扰、损伤、破坏或毁坏，有望应用于卫星通信对抗、地基侦察监视对抗、空间监视/侦察武器系统对抗等多个领域。此外，微波导弹具有附带杀伤小，只摧毁敌方电子设备而不杀伤人员的特点，使高功率微波武器的作战效能更佳且使用门槛更低，有可能改变未来战争的作战形式。

（作者：冯清娟）

国外高功率微波防护技术的现状与发展趋势

2012年10月16日，美国波音公司、雷声ktech公司和空军研究实验室经过3年开发，在犹他州试验训练场成功地完成了共同研制的反电子装置高功率微波先进导弹（CHAMP）的首次飞行试验。该导弹是由B-52轰炸机空中发射，并载有高能微波载荷的巡航导弹。在一个小时的低空飞行中，它向7个建筑物目标释放了电磁脉冲，致使这些建筑物中的电子设备完全失效。在它向第一目标——一座二层楼释放电磁脉冲时，数秒内楼内电脑全部黑屏，连记录试验用的录像机也未能幸免。该导弹能按照预编程的飞行计划接近预定攻击的目标，并能选择适当微波辐射频率、脉冲长度和重复频率的微波脉冲信号对目标内的电子设备造成永久性损伤，还能通过目标定位与作用距离控制，不对邻近民用目标造成附带损伤。因此，该导弹可用来压制敌方包括采用无源雷达（可探测隐身目标）的防空系统，瘫痪敌方的指挥控制系统和国防信息基础设施，并可用来毁伤敌方导弹、作战飞机、舰艇、坦克中的电子设备。该导弹不仅能瘫痪地面上未采用屏蔽措施的军事电子设备或系统，其高功能电磁脉冲还能通过电缆或金属部件的传导，对地下军事电子装备造成损伤。它标志着高能微波武器向实用化方向迈出了重要的一步。这种高能微波载荷能装在长约6 m，直径为63.5 cm的空射巡航导弹中，并不会对导弹自身电子控制装置产生影响，表明它（包括产生微波脉冲的大功率磁控管和储能的若干电容器）在小型化、产生能量集中、精度高的波束和防止微波泄漏等方面已取得重大进展。未来，这种载荷除装在巡航导弹上之外，还可由无人机携带。由于这类高能微波武器能对特定目标的电子装备造成永久性损伤，且产生附带损伤很小，因此，它可能在先遣部队或战机抵达敌控制区前，就用来摧毁敌方的军事电子装备。它可使敌方的雷达迷盲，通信中断、指挥失灵，从而使敌方的整个作战体系瘫痪，以致丧失战场上的主动权。但现在此导弹的毁伤效果是对未采取措施的目标而言的，对于采取了一定防护措施的目标的毁伤效果还很难评估。然而，它对军事电子装备构成的威胁已从科学幻想变成了现实。对高功率微波武器的防御，除了对其运载平台（如导弹和无人机）实施拦截外，更重要的是发展高功率微波防护技术，并将其应用到重要的军用信息系统或武器装备中，以确保己方的制电磁权。

一、国外高功率微波防护技术的现状

高功率微波武器可以对较大范围内的电子设备中的元器件造成永久性毁伤，具有一定的战略威慑能力，因此美国、俄罗斯、英国都高度重视高功率微波武器的研制，尤其是美国数十年来已累计投资数十亿美元，使其向实用化方向不断发展。与此同时。这些军事大国都十分重视对高功率微波武器的防护研究。美国于1993年完成了“强电磁干扰和高功率微波辐射下集成电路防护方法”的研究，随后建立了设备先进的陆、海、空三军电磁脉冲效应研究机构与试验设施，对F-16战斗机和B-52轰炸机等大型武器装备进行电磁脉冲模拟试验。2005年，美军发布MILL-STD-188-125地基C4I设施高空电磁脉冲防护标准。2006年1月，美国众议院国土安全委员会副主席科特·韦尔登（Curt Weldon）表示，他将在2006年采取行动，促使美军为所有新型武器系统提供电磁脉冲防护。他认为，在美国国土安全领域里，电磁脉冲是最未被重视和了解的潜在威胁。2010年，美国海军制定了电磁脉冲生存能力评估与抗电磁脉冲加固计划，以增强舰艇对电磁脉冲的防护能力。同样，俄罗斯早在1993年就完成了电磁脉冲对微电子器件的效应实验。它也建立了电磁脉冲试验设施，并在关键C4I系统中采用了抗电磁脉冲的技术措施。高功率微波武器的基本工作原理是：首先将初级能源（电能或化学能）经过能量转换装置转变成高功率强流脉冲电子束，在特殊设计的高功率微波器件内，电子束与电磁场相互作用，产生高功率的电磁波。这种电磁波经衰减定向发射装置变成高功率微波波束发射，到达目标表面后，经过“前门”和“后门”耦合入目标的内部、干扰或毁坏电子设备的元器件，亦可烧坏其结构。所谓“前门”是指设备的对外通道（如天线、传感器），而“后门”是指设备的传输线、电源线、失效地屏蔽部件、屏蔽箱或屏蔽室的孔洞等。目前，国外传统的高功率微波防护技术手段是采用导电的“法拉第笼”。它是一种封闭的结构（一般为金属结构或金属网结构），内部可容纳各种军事电子设备，甚至系统。它能阻挡外部的高功率微波脉冲进入笼内，从而能对其内部放置的军事电子设备或系统实施保护。它是目前广泛采用的高功率微波防护技术手段，其采用的屏蔽材料正向轻质化和纳米化方向发展。此外，针对高功率微波武器的电磁脉冲信号能通过“前门”耦合到目标内部，美国国防先期研究计划局正在开发一种采用光电集成电路的非电子接收机前端。它像光纤一样，使高功率微波脉冲信号无法进入。它可用作雷达、通信系统和电子侦察设备的前端电路，使其具有极强的高功率微波防护能力。目前这一技术的开发已取得阶段性成果。

（一）传统高功率微波防护技术已被广泛运用

目前，国外许多重要的作战平台和指挥系统中的指挥所已广泛采用各种规格的“法拉第笼”及相关技术。例如，美军导弹武器的车载指挥所已广泛采用“法拉第笼”。美国海军的舰艇已采用三级加固方法来阻止高功率微波脉冲能量对舰载电子设备的损伤。其第一级是平台加固，即利用舰船作为屏蔽层，通过采用360°屏蔽，使舰船形成“法拉第笼”，阻挡和衰减进入的高功率微波脉冲。第二级是系统加固，即将甲板以下的连接电缆屏蔽并接地，形成电子设备的保护屏障，避免微波脉冲通过电缆进入设备内部。第三级为电路加固，即电路加装滤波器、共模抑制电路，并在电路板和芯片上设置瞬变干扰保护装置，确保设备能够承受残余的微波脉冲能量的冲击。值得指出的是，采用“法拉第笼”，虽然能够防护高功率微波武器的毁伤，但是也将增加成本。理论上，“法拉第笼”是一个没有孔和缝的、连续的导电表面，但实际上，为使军事电子设备或系统可用，它通常需要开一些孔，供引入电缆和人员进出使用，这就为高功率微波脉冲的进入提供了通道。为防止高功率微波脉冲的进入，“法拉第笼”孔缝处需采用电磁密封衬垫和截止波导，并且引入的电缆需采用高效屏蔽电缆和对电磁脉冲无耦合作用的光纤；如果“法拉第笼”上有通风孔，在其上面还要覆盖金属丝网或穿孔金属板和截止波导。目前，这些“法拉第笼”（如果“法拉第笼”设置在建筑内，通常也称为屏蔽室）通过综合运用屏蔽、滤波、接地、搭接、瞬变电压抑制器及孔缝防泄漏等技术，已具备较强的防高功率微波能力。然而，高功率微波武器产生的脉冲特性各异，“法拉第笼”采用的屏蔽技术措施难免顾此失彼，因此全面抗脉冲加固费用是很高的。目前，“法拉第笼”采用的屏蔽材料正在向轻质化、纳米化方向发展，最为典型的是碳纳米管材料。2009 年 7 月，位于美国新罕布什尔州的纳米技术公司（Nanocomp）生产出了 3 ft× 6 ft（91 cm×183 cm）的碳纳米管薄片材料。这是碳纳米管生长技术发展的一个重要里程碑。美国空军与该公司签署了小企业创新研究计划合同，生产电磁屏蔽用的基于镍导体的碳纳米管线材料。碳纳米管线与铜导线相比，重量可减轻 80%，并能防雷电、抗干扰。目前一颗重 15 t 的卫星有 1/3 的重量是铜导线的重量，作战飞机中也采用了大量的铜导线。若用碳纳米管线替代它们采用的铜导线，可大幅度减轻卫星和作战飞机的载荷，并能提高其防高功率微波脉冲或防雷电的能力。此外，用碳纳米管薄片材料可做成机箱，能通过屏蔽保护机箱中的电子元器件不受高功率微波脉冲的影响。2011 年 11 月，该公司被国防部和美国航空航天局指定为碳纳米管材料供应商，已具有生产碳纳米管薄片、导线和带材的能力。2012 年，该公司获得国防产品法第三条的投资，新建了厂房，开始大规模生产碳纳米管薄片材料，以满足国防部、美国航空航天局的需求。目前，该公司每星期能生产数百平方米的碳纳米管薄片。

（二）抗电磁脉冲光集成电路技术开发已取得阶段性成果

光电器件和光纤一样不受电磁脉冲信号的影响，是一种有效防止电磁脉冲毁伤的器件。如果将它用作军事电子装备的前端电路，不仅可完成电路功能，还能实现电磁脉冲防护。因此，它得到了军方的高度重视。目前，美国国防先期研究计划局的抗电磁脉冲微波接收机前端（EMPiRe）计划正在支持这一技术的发展。

近几年来，由于因特网和通信系统对通信容量的需求剧增，美国向光电器件研究计划投入了数亿美元的开发资金。目前，光电器件的性能比前几年已大幅度提高。最令人注目的是，光子集成电路和掺铒波导放大器的问世。光子集成电路是一个衬底上集成两个以上的集成光电路的单片集成电路。目前，一种称为平面光波导（PLC）的器件就是这种集成电路。它利用硅衬底将激光器、光电二极管、微光器件集成在芯片上，然后封装成单片集成电路，从而具有硅芯片良好的散热效应和结构特性，并能利用生产硅芯片的设备与工艺，实现大规模生产。目前，平面光波导已实现分频器、可调滤波器、偏光器、多路复用器、多路分离器的集成，并能实现批量生产。这种光子集成电路的应用使光电系统体积呈 10 倍的减少，重量呈 10 倍的减轻。

掺铒波导放大器的问世是光子技术领域里的第二个重大进展。掺铒光纤放大器体积太大，不可能集成到光子集成电路中。而掺铒波导放大器的体积小，可集成在平面光波导中，现在已实现 4 个掺铒波导放大器集成在一个芯片上（该芯片已实现 30 多个光学器件集成）。如果将掺铒波导放大器集成到光学线路中，通过光信号的放大，能研制具有增益功能的光子集成电路。

光子集成电路和掺铒波导放大器的问世为抗电磁脉冲微波接收机前端的成功研制提供了必要的条件。在美国国防高级研究计划局抗电磁脉冲微波接收机前端计划的支持下，2008 年 9 月，美国光电波（OEwaves）公司开发了一种用于射频接收机前端的小型、宽带光电谐振腔调制器，它能与全绝缘天线集成，形成一种抗电磁脉冲的射频接收前端。这种光电波微型谐振腔是雷达和通信系统防电磁辐射所需的一种灵敏的非电子接收机前端。基于光电谐振腔调制器的微波光接收机除可用于雷达、电子战和信号情报侦察系统之外，还可应用于卫星通信系统和微波通信系统，使它们具有极强的防高功率微波脉冲的能力。

2010年8月，光电波公司从国防先期研究计划局获得开发抗电磁脉冲射频光电子接收机的第二阶段合同。该公司根据合同开发的抗电磁脉冲微波接收机能在高能电磁脉冲释放的条件下生存和运行，并能维持高灵敏度、高带宽、高动态范围的工作状态。2011年3月，光波公司在研究抗电磁脉冲光电器件方面又取得了新进展。该公司研制的基于高Q值石英光学谐振器和光电振荡器的微芯片实现了无与伦比的性能。这一高性能微波光电振荡器产生的微波频率超过了100 GHz，达到了下一代军事通信系统所需的频率。与普通振荡器相比，其相噪、抖动更低，频谱纯度更高，而且体积小、重量轻、功耗小，可广泛用于无线通信、卫星通信等应用领域。

二、高功率微波防护技术的发展趋势

高功率微波武器的攻击速度快（光速）、命中率高、可攻击多个目标、对瞄准和跟踪精度要求不高，且附带损伤小。根据其未来发展趋势及其防护技术的发展趋势和防护经济性，高功率微波防护技术将具有以下发展趋势。

（一）高功率微波防护技术的应用将从现有装备改造向新研制装备转移

据国外资料报道，在已部署装备上应用高功率微波防护技术进行加固的费用可能与采购装备费用一样高。而在新研制的坦克、舰艇、作战飞机、信息系统上采用高功率微波防护技术，可能使装备的费用仅提高

5%～10%。因此，从提高费效比出发，未来高功率微波防护技术的应用将从已有装备改造向新研制装备转移。

（二）高功率微波防护技术应用将从地面、空中向空间平台扩展

根据美国国防部发展中科学技术清单的预测，2020年前，相对论磁控管、相对论速调管、回旋器件的峰值功率将从现在的不到10 GW增加至近 100 GW。未来可能利用这类器件以及太阳能研制出高功率空间控制微波武器。因此，高功率微波防护可能从地面、空中向空间平台扩展。

（三）基于光集成的抗电磁脉冲微波接收机前端技术不久将趋于成熟

不久的将来，基于光集成电路的抗电磁脉冲微波接收机前端技术将成熟。采用这种前端电路的雷达、通信系统将投入运用。它们将具有极强的高功率微波脉冲防护能力，能在高功率微波攻击下可靠工作。

（作者：崔德勋）

美军微机电惯性导航技术发展现状

为了满足GPS备份能力、降低惯性导航器件的体积和成本，以及微小型装备在卫星导航信号拒止环境下应用等需求，美军从2010年起开始进行微型定位、导航和授时技术的研究，利用微电子和MEMS技术的进展，开发芯片级精确惯性导航装置。目前，美军的研发工作已经取得了多项进展，部分子技术已经开发出样机。该技术一旦研制成功，将对现有导航体系的发展产生革命性影响。

一、技术研发的意义

（一）作为卫星导航的备份能力

海湾战争以来，随着以GPS为代表的卫星导航系统的迅速发展，目前卫星导航已经成为应用最广泛、使用最方便的导航、定位和授时技术。然而，在未来电子环境日益复杂、频谱对抗日趋激烈的战场环境中，卫星导航系统由于其信号发射功率低、穿透能力差等固有弱点，将会受到来自电磁频谱、网络空间等领域的严重威胁。为了确保继续掌握战场制导航权，维持在导航定位领域的技术优势，避免由于过度依赖GPS而带来的巨大风险，美国已经多次提出将建设GPS备份能力，并将GPS拒止环境下的导航定位技术列为未来重点发展方向，从而确保未来美军能够在GPS不可用时的精确定位、导航、授时能力。

（二）满足微小型武器平台的作战需求

除卫星导航之外，惯性导航系统（INS）应用也非常广泛，各种大中型作战平台都搭载了精度较高的惯性导航系统（或GPS/INS组合导航系统）。但是随着科技的不断进步和作战需求的不断变化，越来越多的小型甚至微型作战平台加入作战序列，并将在未来战争中发挥越来越大的作用。然而，目前使用的惯性导航系统体积较大，无法安装在小/微型作战平台上，因此，发展用于小/微型作战平台的微型惯性导航系统也成为美军当前要努力攻克的重要课题。

二、技术研发的构架和总体目标

美国在微惯性导航技术领域的研发工作以 DARPA 为主导，2010 年 1 月，美国国防高级研究计划局（DARPA）启动了微定位导航授时（Micro-PNT）项目的研发工作，发展微型化技术用于高精度时钟和惯性器件的微小型化开发。该项目的目标是利用芯片级的 IMU 技术取代传统的导航、定位与授时手段，降低系统尺寸、重量和功耗，以用于多种武器平台。Micro-PNT 将在降低各种弹药和军用平台对 GPS 依赖的同时，为它们提供在各种作战条件下可靠的导航与制导能力。该项目有 4 个关键研究领域，分别是时钟、惯性传感器、微尺度上的集成以及试验与鉴定。四个领域共包含了 10 个具体的研究计划，分别如下。

（1）时钟领域：芯片级原子钟（CSAC）、集成化微型主原子钟技术（IMPACT）；

（2）惯性传感器领域：微尺度速率积分陀螺（MRIG）、导航级集成微陀螺（NGIMG）；

（3）微尺度集成领域：信息控制的微型自主旋转平台（ITMARS）、微型惯性导航技术（MINT）、活动层的初级和次级校准（PASCAL）、单芯片时间和惯性测量单元（TIMU）；

（4）试验与鉴定领域：惯性导航和授时设备使用的获取、记录和分析平台（PALADIN&T）。

四个领域中时钟和惯性传感器领域的研发工作是 Micro-PNT 项目的基础，DARPA 希望利用微电子和微机电系统技术的不断快速进展，开发出体积小、功耗低的惯性导航核心组件，即微型、高精度的时钟和惯性传感器单元。同时，DARPA 还将采用新型制造和深度集成等先进制造技术，将微型时钟和惯性传感器单元集成到单个芯片上，最终开发出芯片及组合原子导航仪，实现惯性导航系统的微型化，并且为相关研究成果建立一个通用和灵活的测试、评估平台。

通过 Micro-PNT 项目，美军希望提升惯性传感器的动态应用范围，降低时钟和惯性传感器的长期漂移，开发可以提供位置、方向和时间信息的超小芯片。Micro-PNT 项目计划开发出尺寸小于 8 mm^3，重量小于 2 g，功率小于 1 W 的微型惯性导航器件，其工作频率达 40 Hz，误差为 0.001～0.01°/h，角随机游走小于 0.001°/h。一旦项目研发成功，新型的微型惯性导航设备的综合性能将比传统设备有显著提升，进而满足美国国防部对下一代惯性导航系统的需求，其中包括：减少对 GPS 的依赖、提升系统精确性、降低作战附带伤害、增加作战平台的有效作用范围，以及降低惯性导航系统的尺寸功率（SWAP&C）等。未来将可以在多种作战环境下应用，包括从士兵导航到无人机、无人潜航器和导弹的导航、指引和控制（NG&C）。

三、部分项目进展情况

Micro-PNT 的研究工作于 2010 年总体展开，预计将在 2014 年完成。具体计划进度如图 1 所示。

（一）芯片级原子钟（CSAC）

CSAC 子项目将开发超小型化、低功耗、采用原子计时的时间和频率参考单元，可用于高安全性的 UHF 通信和抗干扰的 GPS 接收机。这种超微型时间参考单元能够极大地改善各种军用系统和平台的机动性和强健性，满足复杂的 UHF 通信和导航的需求。CSAC 子项目最终将开发出商用级原子钟技术，和传统原子钟相比，CSAC 的体积将缩小 100 倍（从微波炉大小到一块方糖大小），而耗能也将降低 10 倍。

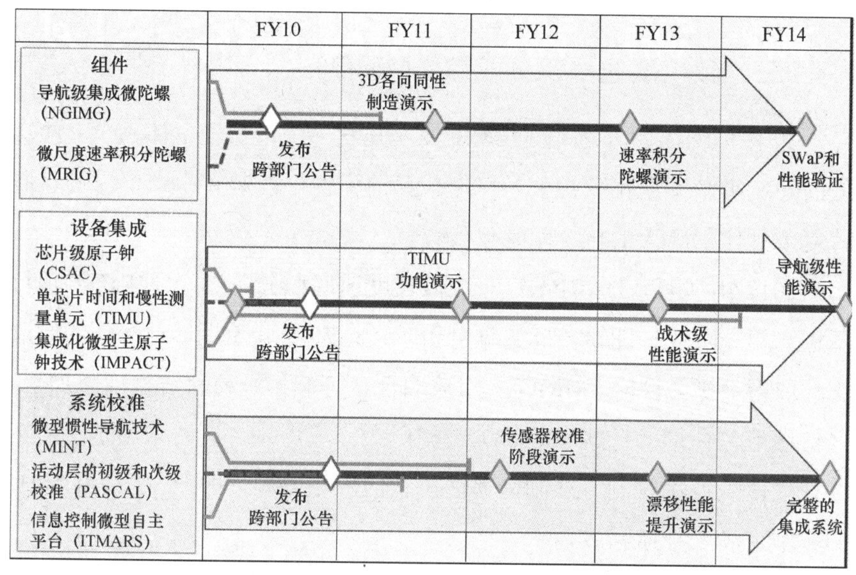

图 1　Micro-PNT 项目计划进度

2012 年 3 月，美国在国际空间站上对 CSAC 样机进行了太空环境测试。并于同年 9 月进入了项目的第二阶段工作，DARPA 称目前 CSAC 的体积仅有 15cm^3。在该子项目中，共有 3 家承包商参与，并将一共交付 500 部 CSAC 原型机，DARPA 希望生产足够数量的原型机，以使国防部、国土安全部和联邦航空局等单位都能参加用户评价。选择多家承包商预计能够显著地降低联合部队的采办成本，未来如果每家承包商最终能够达到 2 万台/年以上的生产率，其单价将只有 300 美元或更低。

（二）集成化微型主原子钟技术（IMPACT）

IMPACT 子项目将开发主原子钟的小型化技术，并在降低能耗的同时保持主原子钟的精度和稳定性。IMPACT 技术将利用 CSAC 子项目的大量相关研究成果，一旦实现既定目标，其精度和稳定性将比 CSAC 高出两个数量级。IMPACT 技术将可以用于短期和长期的作战任务。

IMPACT 子项目共分三个阶段进行，目前正处于第二阶段。在本阶段中，要实现时钟的功率低于 250mW，时间误差小于 160ns/月。

（三）微尺度速率积分陀螺（MRIG）

其中 MRIG 旨在利用 MEMS 技术开发一种重量轻、体积小、能耗低的导航级微型谐振陀螺仪，以取代目前惯性导航装置中造价昂贵、制造复杂且体积庞大的传统陀螺仪。

2012 年 2 月，DARPA 宣布“微尺度速率积分陀螺”（MRIG）项目将进入第一阶段，即试验和数据分析阶段；2012 年 9 月，MRIG 的制造工艺取得突破。目前，MRIG 采用玻璃合金等非传统材料进行细微加工，包括环形、杯形等一些小的 3D 结构已经完成焊接，同时采用了新的工艺替代传统玻璃吹制方法制造惯性传感器，该传感器可以产生接近 10Hz 的频率，满足导航精度需求。

（四）导航级集成微陀螺（NGIMG）

NGIMG 子项目计划开发一种微小型、低功耗的自转速率传感器，用于微/小型作战平台在 GPS 拒止环境下执行任务，其中包括士兵、无人机、无人潜航器以及小型机器人等。

目前 NGIMG 子项目的研发工作已经进入最后的第四阶段，有望实现体积 $1cm^3$，功耗 5mW，角随机游走 $0.001\sqrt{hr}$，漂移率 0.01 °/hr 的目标。

（五）芯片级组合原子导航仪（C-SCAN）

2012 年 4 月，DARPA 宣布将开展 C-SCAN 项目，着手研制一种将固态和原子惯性传感器集成在单个微系统内的小型惯性测量组件（IMU）。这种系统将提供高精度的运动探测能力和快速启动能力，尺寸不超过 $20cm^3$，功率不超过 1W，具有尺寸小、功耗低、高精度运动探测和快速启动等特点。C-SCAN 系统的性能应该高于现有惯性测量组件，具备优越的长期稳定性，启动时间大幅提高。根据 DARPA 的计划，C-SCAN 项目将利用 3 年分 3 阶段完成。第一阶段的工作目标是原子惯性参考单元的小型化；第二阶段将主要从事算法和体系结构的集成工作；第三阶段将对 C-SCAN 微系统进行集成和验证。

（六）单芯片时间和惯性测量单元（TIMU）

DARPA 于 2011 年启动 TIMU 研究计划，TIMU 是一种单芯片的惯性测量单元，可以在卫星导航信号拒止时完全自主地提供导航定位所需的各种信息。TIMU 包含 6 坐标轴惯性测量装置（3 个陀螺仪和 3 个加速度计），并集成了高精度的主时钟，这 7 种装置构成了一套独立的微型导航系统，尺寸比 1 美分的硬币还小。

2013 年 4 月，密歇根大学在该技术领域取得了重大突破，目前已经开发出 TIMU 样机，样机共有 6 层用微技术加工的二氧化硅结构层，每层厚度仅为 50μm，与人类头发的直径相当，每层都可实现不同的功能，全部的组件都集成在了 $10mm^3$ 的狭小空间里。

四、技术研发的途径

Micro-PNT 项目由 DARPA 总体负责，吸收了美国的政府部门、大学、实验室和工业界的 40 多家机构共同参与。其中包括美国陆军、空军研究实验室（AFRL）和美国国家航空航天局（NASA）等 10 家政府机构，密歇根、斯坦佛、康利、麻省理工等 14 家大学，桑迪亚、喷气推进等 6 家实验室，以及波音、诺•格、霍尼韦尔等 20 家国防承包商。

Micro-PNT 项目在 DARPA 的领导下，通过官、产、学、研的联合研究，采用灵活的分阶段开发方式，充分利用各方的政策、资金、设备、技术和人力优势，在分解并降低风险的同时，极大地调动了各方参与者的积极性，提高了研发效率。

（作者：李冀）

美国脑机接口技术发展取得突破

人脑是生物体内结构和功能最复杂的组织，揭示其奥秘是当前科学面临的最大挑战，相关研究成果将对意识控制和人工智能技术的发展具有重大推动作用。脑科学研究在“控脑”、“脑控”、“仿脑”三方面具有重大潜在军事应用价值。“脑控”主要是指利用外界干扰技术手段，实现对人的神经活动、思维能力等进行干扰甚至控制，导致出现幻觉、精神混乱。“脑控”是指通过大脑实现对外界物体或设备的直接控制，减少或替代人的肢体操作活动，从而提高作战人员操控武器装备的灵活性和敏捷性。“仿脑”是指借鉴人脑构造方式和运行机理，开发全新的信息处理系统和更加复杂、智能化的武器装备，甚至研发出与人思维相当的智能机器人。

美国的脑科学研究已开展多年。2013年，美国在“脑控”中的脑机接口技术领域取得突破性进展。此外，美国还在2013年颁布了“脑计划”，进一步推动脑科学研究的发展。

一、脑机接口技术具有巨大的潜在军事价值

脑机接口技术在麻省理工学院推出的“21世纪能改变世界的10大技术”排行榜上位列第一。它是脑科学研究中的一个分支，通过信号采集设备从大脑皮层采集脑电信号，经过放大、滤波、模数转换等处理转化为可以被计算机识别的信号，然后对信号进行预处理，提取特征信号，再利用这些特征进行模式识别，最后转化为控制外部设备的具体指令。脑机接口技术对武器装备发展具有巨大潜在价值，人类可以通过大脑直接控制外界物体或设备，减少或替代人的肢体操作活动，从而提高作战人员操控武器装备的灵活性和敏捷性。

二、美国在脑机接口技术方面取得突破性进展

2013年，布朗大学研制出全球首款火柴盒大小的脑机接口无线连接装置，可将脑部数据传输至1m内的其他设备。明尼苏达大学成功研制出脑电波遥控直升机，躲避障碍物成功率高达90%。整套装置由64电极脑电波探测器、电脑和Wi-Fi网络遥控直升机组成。人的脑电波通过探测器输入电脑，随后由电脑将脑电波与直升机飞行动作相匹配，从而完成人对直升机的操控。

三、美国国防部脑机接口技术研究现状

美国国防部已开展多年脑机接口技术的探索性研究工作。2004年，国防高级研究计划局投入2400万美元，在杜克大学神经工程中心等全美6个实验室中展开脑机接口技术研究。2012年，该局还启动“阿凡达”项目，希望实现士兵使用意识远程控制类人机器人作战。目前，该项目在远程视觉呈现、远程操控方面取得关键性进展，获得700万美元后继研发资金。

四、脑机接口技术的实用化面临诸多挑战

脑机接口技术的研究始于20世纪70年代。随着计算机科学、认知科学、神经科学等技术的发展，脑机接口技术发展迅速，美国开展了大量实验和研究，但仍停留在探索阶段，离实用化尚有一定距离，还有许多待解决的问题：一是信号处理和信息转换速度慢，目前脑机接口最大信息转换速度与正常交流时所需速度相去甚远。二是信号识别精度低，当控制指令多时，识别率低的问题使脑机接口系统在实际应用中受到严重限制。三是信号采集和处理方法有待改进，由于脑电信号采集过程中夹杂不少干扰成分，须设计抗干扰能力强的脑电信号采集设备。四是缺

乏对脑机接口系统的性能进行科学评价的标准。

五、脑计划将全面推动脑机接口技术研究

脑科学计划全称为“推动创新性神经生物技术进行脑科学研究计划”，于2013年4月颁布，旨在推进先进神经技术的发展和应用，探索人类大脑工作机制，绘制出一张详细的脑神经元活动地图，因此又被称为“全脑神经元图谱”计划。该计划为期10年，启动资金超过1亿美元，总投入超过30亿美元。脑计划的研究成果将促进脑机接口技术的发展。例如，作为联合主导单位，国防高级研究计划局在2014财年投资5000万美元，开发一系列捕捉、处理神经元与突触活动信息的技术工具；国家科学基金会在2014财年投资2000万美元，在物理学、计算机科学和行为科学等多个学科展开研究，包括开发大脑探测技术，用于记录脑神经网络活动等。

六、脑科学研究前景展望

人类对大脑的研究已经由线虫、果蝇等低等动物的脑转移到斑马鱼、小白鼠等更为复杂的脑上，现在正通过脑科学计划全面转向人脑这块“生命科学最后的禁区”。脑科学计划规模宏大，投入靡巨，堪比人类基因组计划。如果脑科学计划最终成功，绘制出神经元活动图谱，那么美国将抢占脑科学技术发展先机，打破脑科学研究30余年的缓慢发展局面，在完整和清晰认知人类大脑的基础上，充分了解脑，在保护脑和创造脑上取得更大的发展。此外，脑科学研究也将在经济上产生巨大的回报（人类基因组计划的投入产出比达到1:141）。

七、脑科学的研究也面临多项挑战

一是脑计划实施后，每年将产生300EB（3.2×1011）的数据量，而

2011 年整个互联网的容量总和不超过 525EB，海量数据的存储、处理和使用成为难题。二是迄今为止绝大多数的脑活动精确测量都会对实验体造成伤害，并限制了人类相关试验的开展。

脑科学在军事领域的应用已经得到美国国防系统的高度关注，可以预期，随着脑科学相关技术的发展和应用，将迅速提升武器装备智能化和操控意识化程度，对武器装备发展、使用和整个军事能力建设产生难以预见的深刻影响。

（作者：李方）

2013年美军云计算建设动向分析

云计算作为下一代互联网基础，在信息技术领域被视为继计算机、互联网之后的第三次变革。随着其在民用领域的成功应用，美军决策层逐步认识到云计算已成为解决目前信息基础设施和信息系统低效率、高成本、建设更新周期长的关键。2013年，美军全面落实云计算战略，持续整合数据中心，提高云计算基础设施建设优先级，挖掘网电作战潜能，并将其集成到指控系统之中，向信息化建设转型发展迈进。

一、2013年美军云计算建设主要动向

（一）推进数据中心整合，为云计算建设铺平道路

2013年11月，美国国防信息系统局继续推进数据中心整合计划，关闭了位于俄亥俄州和宾夕法尼亚州的两座数据中心，预期年内将关闭127座数据中心，2015年年末前将数据中心削减至428个。与此同时，国防信息系统局还使用虚拟化技术对处于整合过程中的新数据中心进行基础设施分区，使特定类型的数据能根据支持的任务风险存储在不同安全等级的区域中，为云计算安全夯实基础。目前，美国国防部的数据中心计算能力利用率仅为27%，且缺乏统一规划，组织方式各异，缺乏统一标准和协调，远无法满足安全性和可靠性日益增长的需求。对其进行整合，不仅可以实现效益和节约开支，更能提高信息共享能力，增强信息安全性，可实现更好地利用信息资源并提升服务。

（二）提升云计算基础设施建设优先级，确保投入不减

尽管近年来受经济危机影响，美国国防预算连年削减，但在云计算基础设施建设上的投入丝毫没有受到影响。2013年，为配合国防部云计

算战略的实施，美国三军重新审视技术战略资源，将云计算应用纳入年度预算，切实执行“云计算优先”政策，调整信息技术采办计划，实现最大限度地利用资源。虽然国防高级研究计划局预算遭到削减，但对于云计算相关研发资金仍给予了充分保障，并准备实施新计划，探索确保云计算安全的新技术。美国海军于7月授出一份价值34亿美元的合同，由惠普公司、AT&T公司、诺格公司、IBM公司和洛马公司联合承建“下一代企业网”，打造海军关键云计算基础设施，减少端到端的信息技术运营和维护成本，同时提高运行效率和网电安全。

（三）指挥控制系统集成云计算能力，重视作战应用

2013年7月，美海军无人机通用控制系统演示了其最新集成的海军云计算能力，为“无人舰载空中侦察与打击系统”和“指挥控制系统”项目提供支持。演示过程中，无人机系统显示了目标的精确坐标位置，支持网络赋能武器对目标发动攻击，同时无人机系统和网络赋能武器还可进行战场毁伤评估。8月，国防高级研究计划局“战术云”项目完成软件初始现场测试。该项目旨在实现前线战场士兵借助数字无线电台、可穿戴计算机和智能手机等移动设备，通过云计算访问重要的态势感知信息的能力，以进一步增进资源共享，提高部队的可扩展性和机动性，使用户能够通过异构平台或任何移动计算设备来访问关键指挥控制和情报平台。

（四）注重云计算建设网电安全，挖掘云计算网电作战潜能

云计算平台是各类基础软件和业务应用软件的综合体，其复杂程度远非一般操作系统可比。它采用了大量新兴技术，拥有庞大的用户群，可访问集中存储于云端的海量数据，但存在安全隐患。美军高度重视云计算建设中的网电安全与网电作战能力。2013年9月，美国防信息系统局决定在联合信息环境中加入新的“分析云”网电作战能力，深入挖掘系统网电作战潜能，探测内部威胁，以便提供更好的战术指导、提高整

体系统的信息技术集成能力和对安全破坏的响应能力。

二、美军云计算建设的作战应用意图分析

美军云计算建设的总目标是将云计算打造为最具创新性、最高效和最安全的信息和IT服务交付平台，支持在任意地点、任意时间，任一认证的设备上遂行国防部任务。面向作战应用，云计算能够有效地增强情报安全性，提高情报分析能力，提升网电作战能力。

（一）增强情报安全性

从之前的维基解密，到2013年发生的“斯诺登事件”，都使美军蒙受重大情报损失。美军由于目前数据网络环境组成复杂，易造成信息泄露，且分支网络众多，其中不乏配置结构独特网络，在遭受黑客攻击时，无法实现跟踪定位。另外，过去几十年缺乏系统规划、混乱的数据基础结构使内部人员窃取信息轻而易举、难以追查。为了进一步杜绝此类事件的发生，美军在云计算建设过程中明确统一陆海空三军的安全体系结构，解决其在实施任务保障服务时存在的机构重叠、职责不清等问题，消除以往各军种之间的网络安全边界问题，减少可攻击弱点。云安全平台的建设可有效解决目前情报存储的安全问题。将情报存储至云安全平台，摒弃之前的分散存储，更易于对情报数据进行监控与追踪，提高整体情报的安全性。

（二）提高情报分析能力

云计算的价值不仅仅在于新内容的生成，而是如何从大量、分散、杂乱无章的原始数据或信息中提取更加有用的情报，甚至是知识，从而进一步形成信息优势，领先对手于悄然无声中。与此同时，云计算与大数据技术的密切结合还可快速整合作战信息（如侦察、情报、天气等），形成作战全景图，协助指挥员做到“知己知彼”、掌握“天时地利”，最

终形成决策优势，从而实施有效指挥。

（三）提升网电作战能力

美军计划中的云计算系统拥有强大的运算能力，可支撑海量数据处理。它不但能够增强检测敌方网电安全漏洞能力，增加网电攻击效力，而且能深入挖掘网电漏洞，探测内部威胁，确保己方网电环境的安全。同时，美军还将采用人工智能技术和变体网络技术，构建动态可自我恢复云计算系统，增强云计算主动防御能力，更好地保障作战计划执行。

（作者：李方）

国外

微电子光电子技术研究

2013年国外微电子技术发展综述

目前，硅集成电路特征尺寸即将从22nm迈入14nm节点。使用了50余年的硅材料因迁移率限制已达到物理特性极限，在应力工程作用下依然无法继续用作晶体管的沟道材料，传统平面型晶体管结构也无法满足纳米尺度下栅极对沟道电子静电控制力的要求。为继续沿着摩尔定律收微方向发展，国外在积极研究砷化镓和锗等高迁移率沟道材料和硅基异质集成技术，以及鳍形晶体管等立体晶体管结构的同时，大胆探索全新器件材料和结构。

为不断推动武器装备向着体积更小、功能更强、功率更大、通信速度更高等方向发展，氮化镓器件、太赫兹器件、全硅集成收发机发展迅速。同时，为应对元器件散热、工艺依赖和使用安全等问题，美国大胆创新，提出多项具有变革意义的新发展思路。

一、多种材料和器件技术共同推动集成电路向10nm及以下特征尺寸节点发展

铟镓砷（InGaAS）和锗材料的载流子迁移率是硅材料的数十倍，如用作沟道材料可显著提升晶体管的开关速度，因此成为替代硅推动集成电路特征尺寸继续减小的重要技术途径。2013年年底，比利时微电子研究中心使用鳍替换工艺，先后在300mm硅晶圆上制备出以铟镓砷和锗材料做沟道的鳍形晶体管，大幅提高了工艺成熟度，推动互补金属氧化物半导体（CMOS）技术向7nm和5nm节点延伸。硅基铟镓砷鳍形晶体管电镜扫描图如图1所示。

若集成电路特征尺寸继续向5nm以下方向发展，高迁移率材料和现有CMOS结构都将失效。碳材料中的石墨烯和碳纳米管因所具有的卓越导电性和纳米尺度下的稳定性，被认为是有望最先替代硅的材料，碳材料

器件也将成为硅器件向隧穿电子器件和自旋电子器件发展的过渡器件。为推动碳材料器件的发展，欧盟于2013年投入10亿欧元启动了为期10年的“石墨烯旗舰技术”项目。2013年，新加坡国立大学通过模仿动物的毛细管桥，开发出新型可在硅晶圆上生长和转移高质量石墨烯的新工艺，有效降低了生产难度；美国斯坦福大学实现了碳纳米管材料的批量制备技术，并研制出世界首台完全基于碳纳米管场效应晶体管的计算机原型。斯坦福大学的研究人员预计，碳纳米管有望于2024年前后进入应用。

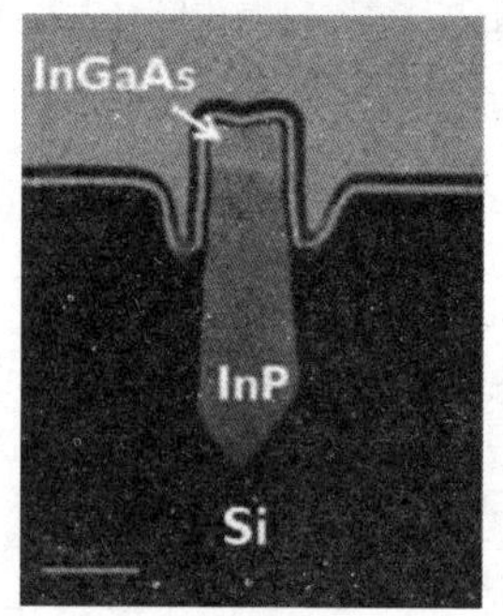

图1　硅基铟镓砷鳍形晶体管电镜扫描图

此外，为保证美国微电子技术在特征尺寸达到5nm节点后持续领先发展，美国先期研究计划局（DARPA）联合半导体研究联盟先后于2013年启动了“半导体技术创新网络”和“半导体生物合成技术”等计划，研制区别于硅CMOS器件的全新器件原理、材料、技术、架构和应用，如自旋电子器件、隧穿器件、非冯诺依曼体系结构、模拟生物细胞的新型芯片体系结构、生物半导体混合系统等，从而为半导体产业12～15年后的发展提前布局。

二、氮化镓、太赫兹和全硅集成器件有力推动军用射频系统向大功率、高频和小型化发展

氮化镓器件具有大功率、耐高温、抗辐射等优点，有助于推动军用射频系统向更大搜索范围、更强攻击能力和更小体积等方向发展。氮化

镓器件自2010年年底实现高可靠量产后，进入快速发展期，产品大量问世，并加速装备应用。目前，美国科瑞、三五、飞思卡尔、HRL等公司推出多个硅和碳化硅基氮化镓功率放大器产品，工作频率覆盖 0～100GHz，输出功率从数十至数百瓦不等。2013 年，美国空军开始向产业界转移其研发的 0.14μm 氮化镓微波毫米波单片集成电路制造工艺；美国国家能源局、欧空局、英国工程与物理科学研究委员会、德国联邦教育和研究部等部门增投资金，继续推动氮化镓器件的研发；美国三五公司研制出金刚石基氮化镓功率晶体管，器件输出功率再次提升 3 倍。美军已陆续将氮化镓器件用于新研制的雷达、下一代干扰机等武器装备。DARPA 表示，氮化镓器件将逐渐取代砷化镓，成为新型雷达和电子战等军用装备发射系统的核心。

太赫兹频段（0.3～3THz）介于毫米波和红外波段之间，是最后一个尚未广泛应用的频段，如图 2 所示。太赫兹信号能够穿透云层、浓雾及大多数非极性电介质材料，可大幅提高武器装备在高分辨率成像、高速通信、探测和制导等方面的能力。2013 年，美国诺格公司在 DARPA“太赫兹电子学”项目的支持下研制出可工作在 0.85THz 的微真空功率放大器，如图 3 所示；麻省理工学院发现置于两片铁电材料之间的高电子迁移率石墨烯薄膜材料可产生太赫兹信号，并在此基础上有望实现直接用光信号控制的太赫兹芯片。DARPA 计划将太赫兹器件领域的研究成果应用于在研的机载视频合成孔径雷达中，实现穿透云层的侦察和定位，如图 4 所示。

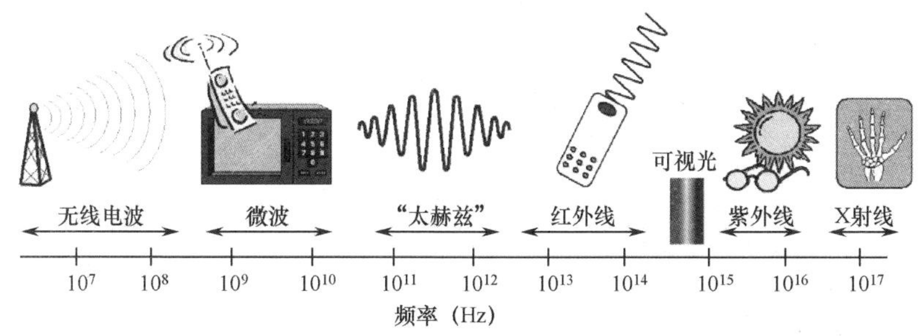

图 2　太赫兹频段示意图

图3　可工作于0.85THz的微真空功率放大器

图4　机载视频合成孔径雷达穿透云层探测示意图

为满足“动中通”卫星用超小收发机、微米或纳米级飞行器用防撞雷达和自导弹药的超小导引头等微小型武器装备的需求，美军希望能开发出全集成收发机，以尽可能减小器件体积。由于绝大多数信号处理器件均为硅器件，因此提高可与硅集成的硅和锗硅器件的功率成为要突破的技术难点。2013年，美国麻省理工学院等四所高校在DARPA“高效线性全硅发射机集成电路”项目的支持下，研制出输出功率在45GHz和47GHz分别达到0.5W和0.7 W的硅和锗硅功率放大器，分别是此前记录的2倍和3.5倍（芯片版图如图5所示）。随着硅和锗硅射频器件功率性能的不断提升，全集成毫米波收发机成为可能，工作频段和功率也将不断升高。

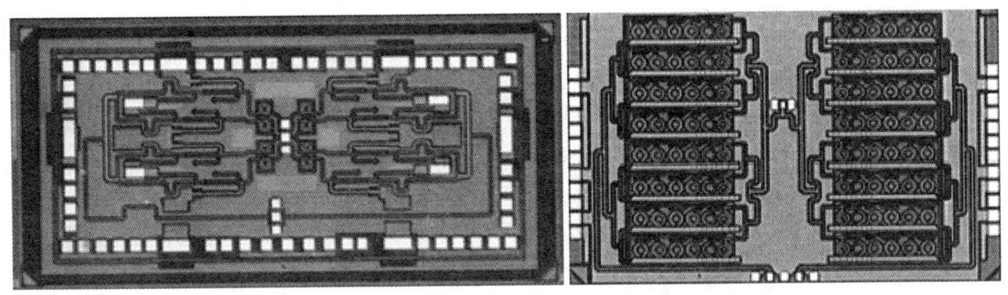

图 5　0.5W（45GHz）和 0.7W（42GHz）硅/锗硅功率放大器

三、嵌入式冷却、可自愈、可设置消失技术辅助元器件发展

随着集成电路功能密度和功率的增大，传统传导式散热无法应对急剧增加的热量，亟须新的散热方式来保证集成电路性能和可靠性的继续提升。2012 年，DARPA 将热管理技术的研究重点由芯片外转至芯片内，开展“近结热传输”项目的研究，通过使用高导热衬底材料等方式改进芯片 PN 结附近区域的热管理，如图 6 所示。随后，DARPA 启动“芯片内/芯片间增强冷却”项目，提出发展具有革命性意义的嵌入式冷却技术，重点研究单芯片内和多芯片间的微流体冷却模型和微通道加工技术，以实现微风冷或微水冷等技术的芯片片内集成，如图 7 所示。2013 年，美国 IBM 公司在 DARPA 工作的基础上进一步提出研究“电子血液”，即以电解液做冷却液、通道内的鳍结构做液流电池的电极，通过循环同时进行冷却和功能。当电解液流出芯片后，将在中央储存室进行冷却和充电，准备下次循环，如图 8 所示。

随着特征尺寸的不断减小，集成电路的集成度和对生产工艺的要求也越来越高。为保证电路性能不因制造工艺偏差、环境变化和老化等因素而受损，DARPA 于 2009 年启动“自愈混合信号集成电路”（HEALIC）项目，希望通过增加传感器和控制电路实现电路自愈。2013 年，美国加州理工学院在该项目的支持下，开发出带有多个传感器和一个控制器的毫米波功率放大器。器件中的控制器带有自愈算法，可根据传感器采集到的温度、电流、电压和功率等信息，自动判断放大器的工作状态，并依据自愈算法进行失效电路屏蔽、负载调节等操作，以保证芯片整体的正常工作。研究人员使用强激光对部分放大器晶体管进行多次损坏性定点照射，如图 9 所示。经验证，只要控制电路未受损，芯片就可在 1s 内迅速恢复运行，并实现预期功能。DARPA 表示，芯片自愈技术将带来更廉价、可靠、高性能和长寿命的芯片，拓展器件恶劣环境的适应力，将对军事系统产生重大影响。

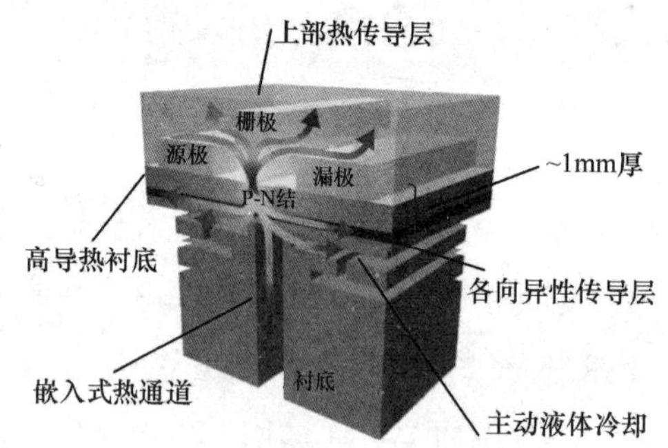

图 6　近结热传输项目示意图

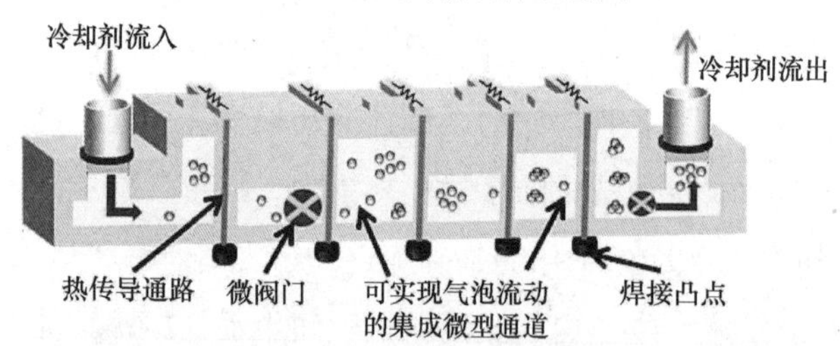

图 7　“芯片内/芯片间增强冷却”技术示意图

图 8　采用“电子血液”冷却和功能的芯片示意图

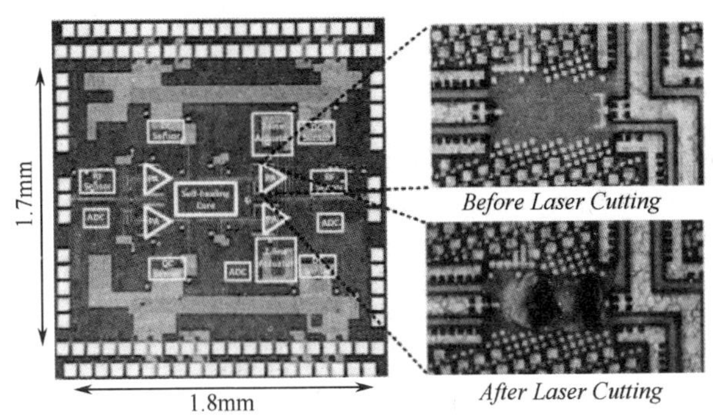

图 9　自愈芯片及照射前后对比图

为应对电子元器件在使用过程中可能遇到的先进技术外泄、知识产权受损和环境污染等问题，美国 DARPA 于 2013 年启动“可设置消失的资源”（VAPR）项目，研究只有有限物理寿命、可在不需要时经指令分解到周围环境中的瞬变电子元器件，并于 2013 年年底和 2014 年年初分别与美国霍尼韦尔公司和美国 SRI 国际公司签署价值 250 万美元和 470 万美元的研发合同。研究内容包括可分解器件技术、配套的材料、四件设计、制造工艺和验证技术。DARPA 要求所研究出的瞬变电子元器件具备商用器件的性能，还可在不需要时受控分解。DARPA 表示，瞬态电子器件将为传感器、大范围环境监控、简易式战场诊断、治疗和健康监护等领域带来重大变革，如能被身体吸收的电子元器件将有助于在战场上继续实施健康监护和治疗，还可有效防止战场上的元器件因被敌方拾获而导致的技术外泄，以及造成的环境污染。

未来，微电子器件在硅可替代器件方面的研究将呈现多头并进的局面，新材料、新器件的研究成果也将大量涌现。宽禁带半导体器件和硅射频功率器件的功率将继续提升，其中宽禁带半导体将日益占据功率器件市场的主要地位。嵌入式冷却、可设置消失等创新性新技术将需要数年的研发，在逐个攻克技术难点后渐渐走向成熟，并对元器件的发展带来显著影响。

（作者：张倩）

2013年国外光电子技术发展综述

2013年军用光电子领域发展取得新进展：室温工作的电驱动纳米激光器研制成功，促进了纳米激光器向实用化方向发展；非制冷探测器的量产将进一步降低器件价格，红外及双光谱探测技术得到进一步发展，长波红外摄像机进入演示阶段，像素尺寸仅为5μm；二维光学相控阵列、太赫兹成像芯片等多种实用型的光电集成器件相继问世，光电集成技术优势凸显。

一、纳米激光器日趋成熟，室温工作的电驱动纳米激光器研制成功

纳米激光器必须具备以下三个功能才能进入实际应用：室温下工作，无须制冷系统；采用电池供电，不需另一激光泵浦；发射连续激光。2013年3月，美国亚利桑那州立大学成功研制了连续光输出纳米激光器，该激光器采用金属谐振腔结构，体积只有$0.67\lambda^3$（λ=1591nm，为激光器输出波长），由电驱动，并工作在室温环境下。此项研究使纳米激光器向实际应用迈进了一大步。

此前，其他机构已经开发出了多种纳米激光器。最早于2001年由美国加州大学研制出了氧化锌纳米线激光器，2003年美国哈佛大学开发出了使用半导体硫化镉制成的纳米激光器。2012年纳米激光器在谐振腔、阈值、光束质量等方面都有了长足的进步：美国能源部劳伦斯伯克利国家实验室与加州大学伯克利分校采用超薄银/锗交替叠层结构开发出了三维纳米光学腔；美国加州大学圣地亚哥分校研究人员采取金属镀层包裹金属棒的谐振腔结构研制出了室温纳米激光器；美国得克萨斯州立大学将掺杂了氮化铟镓的氮化镓异质纳米棒放置在薄银层上，研制出了纳

米激光器，如图 1 所示。2013 年，纳米激光器在新工艺、新技术的基础上又有了新的突破，如 5 月美国西北大学研制了一种病毒大小的微型激光器，如图 2 所示；12 月，澳大利亚国立大学成功利用纳米线产生激光。但这些激光器往往需要一个更大的激光器做泵浦，现有的电驱动纳米激光器只能工作在低温环境下或只能发射脉冲光。亚利桑那州立大学研制的室温工作电驱动纳米激光器可满足实用化要求，将其用于电子产品，可使电子器件的体积更小、性能更高、运行速度更快。

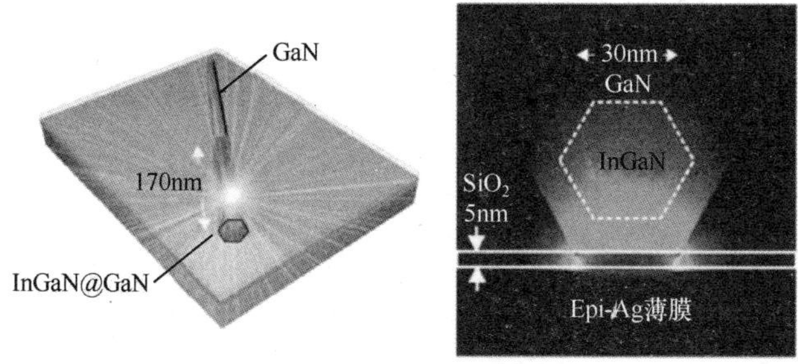

图 1　美国得克萨斯州立大学的纳米激光器

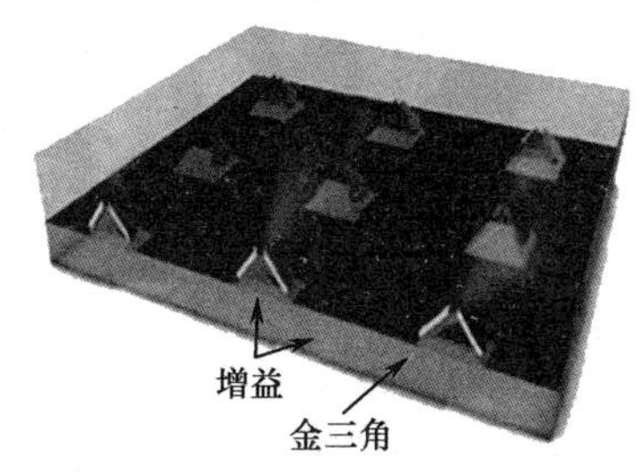

图 2　美国西北大学研制的微型激光器

二、多种光电探测技术取得新进展，呈现多技术并进态势

2013 年，光电探测技术在非制冷探测器量产、高灵敏超晶格锑化物探测、红外及多光谱探测技术等领域取得长足进展。非制冷探测器的量产将进一步降低器件价格，使其在军民领域得到广泛应用。2013 年 2 月，

美国DRS技术公司与赛普拉斯半导体公司开展合作，实现非制冷红外探测器的量产，从而降低其成本。

高灵敏超晶格锑化物探测器可在高温下工作，将应用于卫星监视。2013年3月，美国空军研究实验室发布了“增强型超晶格中波光子探测器阵列技术”（STAMPEDE）项目公告，为监视卫星开发工作于高温环境的高性能抗辐射中波红外传感器芯片阵列。该传感器是基于应变层超晶格的光伏型锑探测器，可在130K或更高温度下检测中低度光子辐照。

继续开发红外及多光谱探测技术。多光谱夜视技术能够结合自身优势，融合多种传感器技术，提高成像质量。2013年7月，美国特种作战司令部与DRS技术公司签订价值160万美元的合同，开发先进的数字多光谱夜视镜。DRS公司面临的挑战是减小体积、减轻重量、降低价格。2013年8月，美国FLIR系统公司获得美国海军水面作战中心价值1.366亿美元的合同，开发Brite Star II红外成像技术，以支持海军航空系统司令部的UH-1直升机升级计划和垂直起降无人机计划。2013年11月，美国陆军正在寻找能够开发出III-V族红外焦平面阵列（IRFPA）传感器的公司，以增加锑基IRFPA的性能和产量，减少军事应用成本。该传感器的潜在军事应用包括广域态势感知、羽状物和枪闪烁检测、红外搜索、识别与跟踪、导弹探测与拦截、超光谱成像。

DARPA“先进宽视场体系架构”（AWARE）项目取得重要进展，美国DRS技术公司研发的长波红外摄像机进入演示阶段。此款新型长波红外摄像机的像素尺寸仅为5μm，约为人头发粗细的1/12，在此基础上研制的1280×720焦平面阵列可大幅提高红外摄像机的分辨率。新型长波红外摄像机成本将更低，尺寸将更小，灵敏度将更高。

三、光电集成基础研究推进，多种新型器件相继问世

光电集成技术进展显著，在DARPA“多种可用的异构集成”等项目的支持下，多种实用的集成器件相继问世，如二维光学相控阵列、太

赫兹成像芯片等，同时器件的性能得到进一步提升。

美国演示了世界上最复杂的二维光学相控阵技术，用于先进激光雷达。2013 年 1 月，DARPA 开发出了迄今为止最复杂的二维光学相控阵列芯片，将 4096 个（64×64）纳米天线集成到一个硅基底上，尺寸只有 576×576μm^2，相当于针尖大小，如图 3 所示。这种器件将所有光相控阵组件集成到一个微型二维芯片上，用于激光雷达可形成高分辨率的光束模式，实现新型传感与成像能力。太赫兹成像微芯片研制成功，在扫描和成像领域应用潜力巨大。

图 3　二维光学相控阵列芯片

2013 年 1 月，美国加州理工学院开发出一种低成本的微小成像硅芯片，这种成像芯片能够产生并发射出高频的太赫兹波，该芯片能够激发出比现有器件强近 1000 倍的信号，且在特定方向能够被动态程控，成为世界上第一个集成的太赫兹扫描阵列。将其整合进手持设备中，能够应用于国家安全、无线通信等多个领域。

光电器件小型化将推动系统的高性能、集成化发展。基于纳米级制造技术的纳米激光器的面世无疑将推动通信技术的发展，可应用于超级计算机芯片、光电集成器件、量子光学、高敏感度生物传感器、疾病治疗等多个领域。突破异质、异构集成，将光学器件及其相关的电子、热管理及 MEMS 器件集成到统一芯片上的光电集成技术正在迅速发展，目前已实现了多达几百个光子器件的大规模集成，且在系列项目的推动下，制造工艺及相关技术均得到快速发展。

（作者：薛力芳）

美国军用集成电路技术正在获得群体性突破

军用集成电路一直被美军列为重要的战略资源和保持军事强国地位的关键。为满足装备的创新发展，美国不断探索集成电路新的技术途径，并于近年在高速数据处理、超大功率和超高频率应用、多功能集成、新型散热等方面取得突破，预示着军用电子装备的变革性发展，值得我国高度关注。

一、研发铟镓砷等新型高迁移率材料沟道材料，大幅提升大规模集成电路数据处理能力

更高集成度、更强性能和更低功耗一直是大规模数字集成电路发展的主流。目前，硅材料晶体管特征尺寸继续向着 22nm 以下尺寸减小，单个集成电路的晶体管门数已达数十亿。受迁移率限制，已使用了 50 年的硅材料无法继续用作更小尺寸晶体管的沟道材料，铟镓砷、锗和碳纳米管等可将迁移率提升 37～125 倍的高迁移率材料成为解决方案。2012 年，美国研制出 15nm 铟镓砷鳍形晶体管和 9nm 碳纳米晶体管。其中，铟镓砷材料已证实可使晶体管开关速度提升 2～3 倍、工作电压降至 0.5V、功耗降低 40%。

2013 年，为在更大范围内探索下一代半导体材料和器件结构，美国 DARPA 投入 1.94 亿美元，启动了为期 5 年的“半导体先进技术研发网络”计划。

据国际半导体技术路线图 2012 年预测，采用铟镓砷沟道材料的微处理器将于 2018 年面市。以高迁移率材料作为晶体管的沟道材料，将大幅提升大规模数字集成电路的运算速度和数据处理能力，引致新一代中央处理器、现场可编程门阵列和数字信号处理器等关键军用集成电路的问

世，进而实现军事装备信息链处理能力的整体提升。

二、发展氮化镓大功率器件和磷化铟等太赫兹器件，赋予武器装备大功率、新频段工作能力

由于当前广泛使用的硅器件和砷化镓器件无法满足武器装备在更大功率和更高频段的应用需求，氮化镓、磷化铟、石墨烯等新材料器件成为美军大力发展的重点。

氮化镓大功率器件显著增加武器装备输出功率。氮化镓器件的功率密度是砷化镓器件的10倍，被美军视为下一代大功率电子装备的核心，并以碳化硅基和金刚石基两种氮化镓器件为发展重点。2013年，碳化硅基氮化镓器件已进入可大规模装备阶段，成本进一步降低，可靠性大幅提升，200℃结温下工作寿命达 10^7h，工作频段覆盖数百兆赫兹至100GHz，输出功率从数十至数百瓦不等。金刚石基氮化镓晶体管于2013年试制成功，输出功率再次提升3倍，为发展超大功率氮化镓器件开辟了新途径。

氮化镓器件将取代砷化镓器件，成为新型雷达和电子战等军用装备发射系统的核心，作战范围随之将提升数倍，并有望在未来替代真空管实现射频系统的宽频化和固态化。雷声公司称，氮化镓基有源相控阵雷达的搜索距离是同等条件砷化镓基雷达的1.5倍。

太赫兹器件将拓展武器装备工作频段。太赫兹频段介于毫米波和红外波段之间，是最后一个尚未广泛应用的频段。可工作于太赫兹的器件从21世纪初开始成为美军开发的重点。美军于2007年先后启动了“太赫兹电子学”和“石墨烯在太赫兹频段的应用”等以太赫兹器件为目标的项目，从而加强对磷化铟和石墨烯等材料和相应器件的研究。2012—2013年，美国诺格公司先后研制出工作频率为0.85THz的磷化铟单片集成接收机和微真空功率放大器。IBM 公司研制出截止频率为 0.427THz的石墨烯晶体管。

太赫兹信号具有宽带性、定向性、高穿透性等特点，能够穿透云层、浓雾及大多数非极性电介质材料，可大幅提高武器装备在高分辨率成像、高速通信、探测和制导等方面的能力。2012 年，DARPA 计划将太赫兹器件研究成果用于在研的机载视频合成孔径雷达中，实现穿透云层的侦察和定位。

三、研究可实现多器件立体集成的三维集成技术，推动集成电路向微系统方向发展

三维集成技术将微电子、光电子、微机电系统等不同材料、不同结构的多个器件立体集成于一体，以显著提高系统功能集成度，并降低功耗。由于硅器件工艺的成熟，硅材料为最重要的集成平台。近几年，DARPA 为不断加强新器件的硅基集成技术的研发，开展了“三维集成电路”和“多方式异构集成”等多个项目。2013 年，多个低功率、小信号、同质微电子器件的三维集成已成为标准工艺；氮化镓和磷化铟等器件初步实现硅基集成；微/光电子、微机电系统等多种器件间的集成也在部分领域获得较大进展，促进芯片级原子钟和纳机电计算机不断取得阶段性进展。

三维集成技术的成熟将带动具备传感、处理、执行等多种功能的微系统的快速发展，大幅提升性能的同时，实现能耗和体积数十至数百倍的降低，促进军用电子装备的微型化。

四、探索芯片内散热技术，突破集成电路发展热瓶颈

随着集成电路功能集成密度、处理速度、工作频率的不断提高，芯片内部产生的热量已超出传统传导散热能力的极限，阻碍了集成电路的继续发展。2012 年，DARPA 将集成电路散热技术的研究重点由被动转为主动，由芯片外转为芯片内：首先启动了“近结热传输”项目，通过

使用高导热衬底等方法来减少芯片内部热阻；其次启动了“芯片内/间增强冷却”项目，提出具有变革意义的嵌入式微冷却技术，通过在芯片衬底中嵌入微通道，实现芯片内部的微流体冷却。2013 年，美国 IBM 公司进一步提出“电子血液”新思想，拟利用微流体循环，在冷却的同时还可提供能量。

芯片内散热技术将消除因芯片局部过热所导致的热失效，可保障大规模和大功率集成电路的功能密度、集成度的大幅提升。DARPA 认为，该技术可使氮化镓晶体管的栅长缩短 50%、线性功率密度提高 5 倍、输出功率随之提高 10 倍，进而使电子攻击和雷达作用距离分别增加 3.1 倍和 1.7 倍。

（作者：张倩）

微电子器件下一代工艺发展积极寻求突破

工艺是微电子器件实现的重要基础和前提，工艺的跃升推动着电子元器件，甚至武器装备的升级换代。微电子器件的生产包括制造和封测等多个环节的数百道工艺。为满足微电子器件因特征尺寸减小和功能集成度增加等发展而提出的成本和工艺要求，大尺寸晶圆、新型图形转移技术和封装技术不断取得突破，推动微电子器件工艺的整体跃升。

一、450mm 是承载先进硅片生产工艺的下一晶圆尺寸

晶圆尺寸决定着单个晶圆上所能产生的芯片数量。尺寸越大，可产出芯片的有效面积越大，产出的芯片数越多，成品率也越高。硅晶圆直径自 2001 年达到 300mm 后，在十多年的发展中，承载了特征尺寸从 130nm 至 22nm 的多次微缩，但也面临着生产成本不降反升、产能不足的发展困境。为降低未来 14nm 及以下特征尺寸芯片的生产成本，产业提出再次扩大晶圆尺寸，并选择 450mm 作为下一目标。硅晶圆尺寸变迁如图 1 所示。

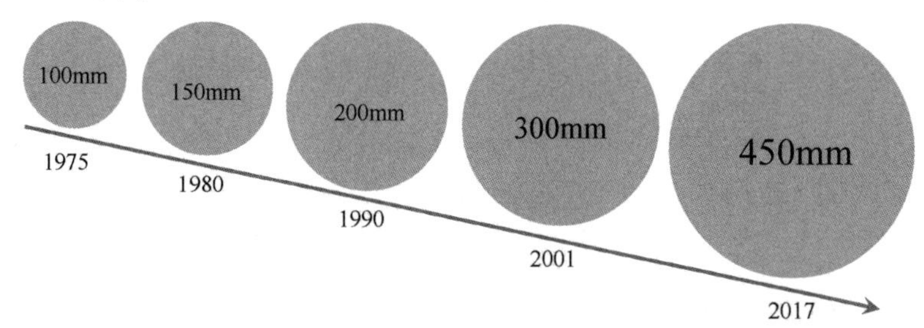

图 1　硅晶圆尺寸变迁

2013 年 1 月，美国英特尔公司采用纳米压印技术制作出全球首块完整图形制备的 450mm 硅晶圆，分辨率为 26nm，如图 2 所示；并投入 20

亿美元启建全球首座450mm硅晶圆生产厂，计划于2016年实现产出。

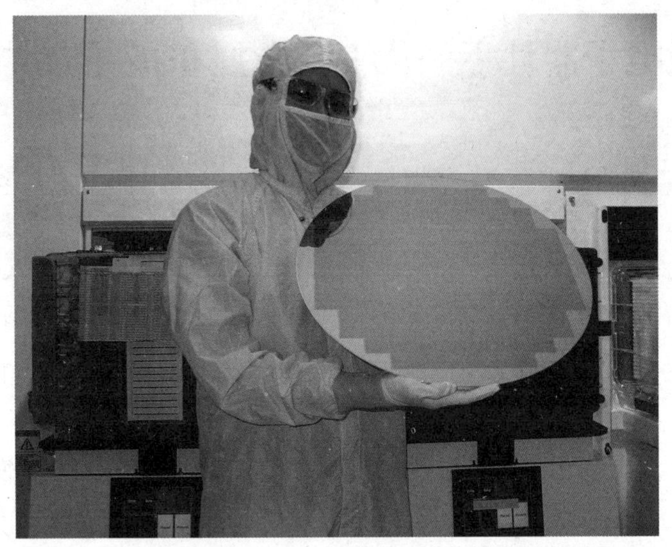

图2　世界首个450mm硅晶圆

据国际半导体协会和行业研究公司预测，450mm 硅晶圆将在 2017 年后正式投产。450mm晶圆面积是300mm晶圆的2.25倍，可使单片晶圆上的芯片数增加2倍，单个芯片成本降低30%～40%。

二、下一代图形转移技术满足10nm以下器件的制造

图形转移技术可将电路图形从掩模板转移至晶圆，是微电子器件制造的核心，决定着芯片的最小物理尺寸。目前，由于浸入式193nm（深紫外）光刻技术已接近物理极限，即使借助辅助光刻手段依然无法制造10nm以下特征尺寸器件。为此，包括极紫外光刻、电子束光刻、纳米压印和定向自组装生长等技术在内的下一代图形转移技术亟须实现实用化，以替代现有光刻技术。

极紫外光刻技术（波长 10～14nm）最有可能用于批量生产。2013年5月，荷兰阿斯麦公司的极紫外光刻机每小时可光刻43片晶圆、分辨率达9nm，如图3所示。电子束光刻和利用电子束刻模压制图形的纳米

压印技术已用于存储器、微机电系统和微光学等器件的制造。2013 年，产品化的电子束光刻机每小时可光刻 1 片晶圆，分辨率达 10nm，如图 4 所示；纳米压印技术已证实可制造 5nm 器件，设备如图 5 所示。定向自组装生长技术利用材料自身特性生长出电路结构，距离实用最远，但可修补光学光刻和极紫外光刻过程中的缺陷。2012 年，美国斯坦福大学证实定向自主装技术可用于 14nm 及以下尺寸器件的制造，并试制出 22nm 电路中的连接孔。

图 3　荷兰阿斯麦公司生产的极紫外光刻机

图 4　电荷兰迈波公司生产的电子束光刻机

集成电路中晶体管的特征尺寸预计将于 2014 年达到 14nm，并继续等比例向 10nm、7nm 和 5nm 缩小。据设备制造商和行业研究公司预测，极紫外光刻和电子束光刻技术将于 2016 年分别达到每机台每小时 100

片和10片的晶圆制造能力，通过并行使用等手段有望替代现有光刻技术用于芯片批量生产，以保障特征尺寸10nm以下和纳电子器件的发展。

图5　荷兰分子压印公司生产的纳米压印设备

三、硅穿孔三维封装技术推动多器件系统化集成发展

封装技术在很大程度上影响着电子元器件的最小体积。为了在不改变芯片制造工艺的基础上，显著增加器件集成度、缩小体积、提升运行速度和降低功耗，可实现多芯片垂直堆叠的三维封装已成为下一代封装工艺的主流。其中，硅穿孔技术通过在芯片中加入硅连接孔可实现芯片的垂直互连，最能体现三维封装的技术优势，成为发展重点。封装由平面向立体结构变迁，由堆叠键合向垂直通孔变迁，如图6所示。

目前，硅穿孔技术根据垂直堆叠程度的不同分为2.5维（功能电路二维分布，与带有穿孔的硅中间层垂直堆叠）和3维（完全堆叠）封装两种。2.5维封装因工艺相对简单，已开发出现场可编程门阵列、微处理器、图像感应器等多种同/异类集成产品，其设计工具、制造、封装和测试等配套能力都已基本就绪。3维封装研发正在加快，同质异类器件的3

维封装已趋于成熟。例如，美国于 2013 年 9 月实现量产的硅质混合存储立方体器件，通过存储器和逻辑器件的垂直堆叠，读取速度提升 20 倍，功耗和体积降为现有的 1/10，如图 7 所示。随着异质异类器件 3 维封装技术的成熟，将有力推动微电子、微机电系统和光电子等多器件的系统化集成。

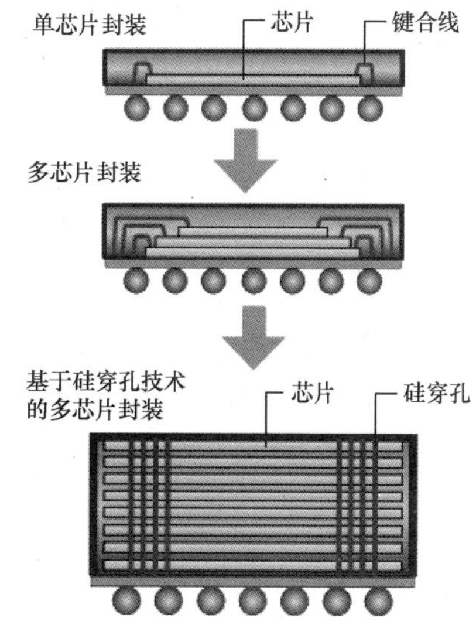

图 6　封装结构变迁示意图

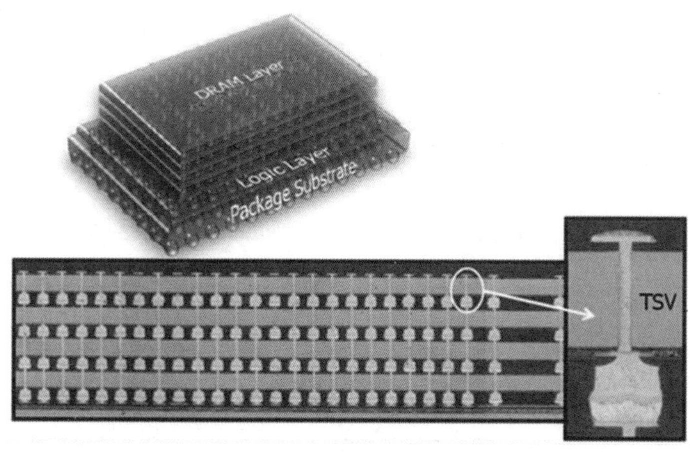

图 7　首个混合存储立方体器件

四、美、欧积极布局下一代工艺发展

下一代工艺的发展存在技术难度大、周期长、投资额巨大、配套能力要求高等诸多难点，需要新的发展布局。

少数领军企业主导发展，垄断下一代工艺技术。由于下一代工艺中的 450mm 晶圆和极紫外光刻等工艺所需设备的研发费用高达数十至数百亿美元，全球仅英特尔、中国台湾地区台积电和韩国三星三家产业巨头能够负担。为此，三家公司主动主导产业发展，一方面组成跨国合作联盟 G450，共担研发资金和风险，呈现“大垄断、小竞争”新特点；另一方面为设备生产商提供研发资金，推动设备研发，呈现“下游推动上游发展”的新特点。这种新模式在有力推动技术发展的同时，也显著提高了下一代工艺的准入门槛，实现了领军企业的优势累积和技术垄断。

掌握核心技术的企业合作互补，共建“虚拟垂直集成商”。随着特征尺寸的减小和工艺的高度复杂，以及系统级芯片和封装新集成形式的发展，使得微电子器件软件、设计、制造、封测等各生产环节的分工不断细化，各要素间的依存度也日益增加。在领军企业垄断技术发展的背景下，掌握微电子器件部分设计生产环节核心技术的企业，通过密切合作、共建具备从设计到生产各种能力的“虚拟垂直集成商”获得生存和发展。这种新模式通过将各种生产要素有机结合，可有效降低研发成本，加快开发速度，提高产品问世和产业化速度。

政府关注自身需求，对关键领域予以投资。面对下一代工艺发展中的高投入和领军企业主导发展的新局面，美国和欧洲政府都将满足自身需求作为发展重点。例如，美国为满足抗辐照器件、微机电系统等小批量、多品种军用电子元器件的生产，通过国防部重点投资发展电子束光刻技术。欧盟希望依托其在设备研发领域良好的基础，在工艺变革期实现弯道超车，重建欧洲在微电子制造领域的领先地位，设立了以 450mm 晶圆设备研发和促进欧洲企业与 G450 联盟合作为内容的多个项目。

（作者：张倩）

光电集成技术的发展及其军事应用前景

光电集成技术是指将光学器件及与之相关的电子、热管理等器件集成在一起，构建成具有一定独立功能的微型光电系统的技术。该技术可实现光子器件与电子器件或光子器件之间的异质、异构兼容，大幅度提升武器装备性能，已成为近几年电子信息技术领域的发展重点。

一、光电集成较电子集成性能更加优异

目前，基于集成电路的电子技术使武器装备实现了小型化、智能化，得到了广泛应用。而光学技术在实现宽频带、大容量、多信道、抗干扰、低功耗、高保密等方面远远优于电子技术，光电集成技术将集成光学与电子技术的优势，使器件和系统在性能、体积、功耗等方面获得高达数百倍的提升，且可同时完成多种功能，性能更加稳定。随着制造工艺技术的逐步提高与成熟，光子集成技术将得到迅速发展，集成度将不断提高、性能将不断加强。可以预见，光电集成技术将成为继集成电路技术之后又一重大革命性技术。

二、光电集成技术正由模块封装向混合集成、单片集成方向发展

当前信息化战争发展要求电子装备具备高速率、超大容量的信息传输与处理能力，其中关键的光子和电子器件必须具备速度更快、体积更小、功耗更低、功能更强等特性。受材料、工艺等技术发展的制约，光电集成技术正在由模块封装向混合集成、单片集成方向发展。

模块封装是将具有一定功能的光学与电子器件进行整合与封装实现

模块化，是光电子器件发展的最初形式，也是目前光电子领域的主流产品。模块封装器件体积庞大、稳定性差、功耗大，无法满足未来信息化装备对器件的小型化、多功能需求，但由于该技术工艺技术水平要求不高、相对成熟，使得模块封装器件将在一定时期内继续存在，新型产品也在不断涌现。当前高速通信中所用的光发射、光探测、信息传输与处理等器件多数是将激光二极管、光电探测器、调制器等光学器件同相关的驱动电路、温控系统集成封装而成的模块化器件。美国 Mercury 公司于 2012 年推出的多通道光纤输入输出模块，将 3 个现场可编程门阵列（FPGA）处理器与 16 个高速光纤信道结合在一起，其信息传输能力最高可达 80Gbps。

混合集成是将多种基底的光电子器件进行集成，其关键技术是不同基底材料的异质集成，该项技术是目前国内外研究的主要内容。单片集成是将光学器件及相关的电子、热管理等器件集成在单一基底上，单片集成对材料、工艺等技术提出了更高的要求，是光电子集成技术的最终发展方向。

三、磷化铟基和硅基集成是单片光电集成技术发展重点

将不同结构与材料的光电器件集成到同一基底上的技术是单片光电集成的首要瓶颈，因此选择合适的基底材料对光电集成器件性能起着决定性作用。按照基底的不同可将光电集成技术分为磷化铟、硅、氮化物、铌酸锂及混合基底集成，其中磷化铟基和硅基集成技术是研发重点。

磷化铟基光电集成技术发展较成熟。磷化铟是用于研制激光器、探测器等有源器件的基本材料，因此，磷化铟基光电集成技术发展较为成熟，已研制出光收发、光调制等光电集成器件，用于高频、高速光通信。美国英飞朗公司早在2004年就实现了50个磷化铟基光电单片集成，2012年更是实现了数百个光学器件的集成，使信息传输速度达到单路百吉比特量级。目前，多家公司正在联合研发生产工艺技术，以提高产量、降

低成本，满足大批量生产需求。

硅基光电集成是未来技术发展的主流方向。硅基光电集成技术最大的优势是可以利用成熟的互补金属氧化物半导体（CMOS）工艺，实现光子、电子器件大规模集成，用于芯片内或芯片间高速光互连，被认为是当前最有前景的技术之一，已成为许多国家发展的主流方向。目前，单一功能的光电集成器件已相对成熟，美国、日本已成功研制了硅基光电集成调制器、热光开关、模数转换等器件。2013 年 8 月，日本东京大学研制的键合在硅基底上的量子点激光二极管，首次实现了硅基有源器件的集成。硅基光电集成技术下一步的发展是将继续提升单一功能器件的性能、减小体积与功耗，并开发多功能器件，实现硅基系统级集成。

四、光电集成应用前景广阔

目前，光电集成技术正被逐步推广应用于信息化武器装备中，推进装备跃升至新的发展阶段：

在指挥控制及预警侦察系统中，需要高速传送大容量数据，利用高速调制器、高灵敏度探测器、波分复用器件等光电集成器件构建的并行多路光电集成收发器是大容量光信息传输的核心组件，可实现超高速、超大容量、抗干扰、高保密度通信。2012 年 4 月，美国海军开始开发用于先进高速海军光通信的光电集成技术，以提高传输速度、增大容量。

在电子战、雷达系统中，基于光电集成的光波、微波或射频信号的收发与处理技术，可加快频谱侦测与信息处理速度，减小体积与功耗，大幅提高系统的整体性能与可靠性。2012 年美国空军实验室启动了“先进电子战组件”开发计划，并与洛马、诺格等公司签署协作合同，重点研发包括电子战毫米波及射频组件的光电集成技术，使电子战装备升级换代。2013 年，美国国防先期研究计划局研制出了在 $576 \times 576 \mu m^2$ 面积上集成 64×64 个纳米天线的硅基单片光学相控阵列芯片，用于激光雷达天线，以实现高分辨率传感与成像能力。

五、光电集成技术得到发达国家和地区的大力推进

近年来，一些发达国家和地区通过设立专题项目和国际合作，大力推动光电集成技术及其产业化发展。

高度重视光电集成技术，并设立专题项目推动其发展。美国将光电集成列为当前重点发展的技术，自2010年起启动了“电子和光子集成电路”（EPIC）、“多种可用异构集成”（DAHI）等项目，且保证项目投入具有系统性与可持续性，推进了关键技术突破及产业能力发展。目前已研制成功光互联芯片、光调制器等产品，初步掌握了小批量生产能力。欧洲在第五至第七“框架计划”中设立了“基于光子晶体的光子集成电路”、“基于光子集成电路和组件的欧洲优异网络”等系列项目，同时还制定了硅基电光器件制造标准，以推动产业化发展。日本于2009年将光电集成列为下一代支柱产业之一，并相继投入数亿美元补充研发人员，启动“光子网络技术开发”、“下一代高效率网络器件技术开发”等项目，以推动光电集成技术向产业化发展。

采取广泛合作、成立专门机构等方式集中研发。2012年3月，由意大利和法国共同成立的意法半导体公司联合美国Luxtera公司共同开发硅基光互连技术，旨在推动硅光子成为主流技术并实现片上系统的硅基光电集成。欧洲各国采取了广泛的合作，由比利时根特大学、巴黎大学、英国萨里大学、丹麦理工学院等大学联合微电子研究中心全面开展光电集成技术研究，目前已基本掌握光子器件的设计与加工技术，正在全面开展单一基底的单片集成研究。2009年，日本集中包括东京大学、京都大学、NTT、NEC、富士通等产学研相关领域几乎全部研究力量成立了“技术研究组合光电子融合基盘技术研究所（PETRA）”，共同研发光电集成技术。

（作者：薛力芳）

国外类脑计算芯片最新进展

为满足大数据时代海量数据的处理需求和应对日益严重的能耗问题，以模拟人脑信息处理方式为主要内容的认知计算成为重要的解决方案，其物理实现——类脑计算芯片也于近年获得快速发展。2013 年 7 月，瑞士苏黎世大学和苏黎世理工学院研制出“神经形态芯片”，可实时模拟人类大脑信息处理过程。8 月，美国 IBM 公司发布基于人脑特征的全新计算架构——“真北”，其认知计算效率可与人脑相比。

一、类脑计算芯片是实现认知计算的重要物理载体

类脑计算芯片指可模拟人类大脑信息处理方式的芯片，可以以极低的功耗对信息进行异步、并行、低速和分布式处理，具备感知、识别和学习等多种功能，能提供远超过传统计算机的数据处理和图像识别能力。

负责信息处理的传统计算机芯片主要基于冯诺依曼架构，处理单元和存储单元分开存在，并通过数据传输总线相连。其总信息处理能力受总线容量的限制，被称为“冯诺依曼瓶颈”。而且由于传统计算机的处理单元一直处于工作状态，导致能耗巨大。同时，由于需要精确的预编程，传统计算机也无法应对编程以外的情况和数据。大脑结构则完全不同，大脑由 10^{10} 个神经元和 10^{14} 个突触构成，神经元相当于处理单元，突触用于连接神经元，相当于存储单元。大脑的处理单元和存储单元位于一处，不需要高能耗的总线连接。神经元只在工作时消耗能量，因此大脑的功耗极低。神经元的信息处理速度远低于传统计算机，但可大规模、并行、异步处理多个信号，形成强大的工作能力。大脑具备学习能力，可自主寻找相关性和建立假设，可识别复杂空间和时间类型，为海量数据的处理带来巨大好处。例如，在处理图像数据时，人脑可从宏观上观

察并理解图像，抓住图像的特征进行记忆，而计算机只能将图像分解为无数个像素，逐个存储，效率远低于人脑。

在模拟人脑的认知计算领域，通过软件在超级计算机上再现认知计算能力已经过多年的发展，并取得一定成果，如IBM公司研制的深蓝和沃森超级计算机分别于1997年和2011年在象棋和知识竞赛中战胜了人类。但这种模拟，不仅无法完全实现类脑计算功能，还导致了更大的能耗。因此，开发与认知计算软件相适应的硬件系统，实现在大小、处理速度和能耗方面可与真实大脑相比的类脑计算芯片成为近年来的发展重点。

二、类脑计算芯片相关研究已陆续在美、欧启动

在类脑计算芯片的研究上，美国走在世界最前列。2008年，美国DARPA启动了为期6年的“神经形态自适应可塑电子系统”（SyNAPSE）项目，开展类脑计算芯片的研究。该项目具体包括两部分：一是开发出可实现与大脑类似、连接强度可调的电子突触；二是开发配套的系统架构、硬件电路，设计工具、训练和测试用虚拟环境等。参研单位包括美国波士顿大学、哥伦毕业大学等高校，以及美国IBM、惠普、HRL实验室公司和瑞士iniLab公司等。截至2013年，该项目总投资1.06亿美元。

2013年8月，DARPA为在SyNAPSE项目结束后继续推进类脑芯片的研究，不仅启动了为期4年、总投入570万美元的“传感和分析用稀疏自适应局部学习”项目，还发布了“皮质处理器技术和应用发展项目”征询意见书。DARPA希望通过前者支持密歇根大学开发以忆阻器作突触、以类脑神经网络为基础的新型图像处理器。该处理器可通过图像特征提取和组合识别出特定的目标，实现处理速度提升1000倍，功耗降低1万倍的目标。对于后者，DARPA希望能强化类脑计算芯片在硬件、架构、编程语言和应用四个领域的发展，从而在更大程度上支持DARPA在复杂信号处理和数据分析领域的新项目。

在经过了3年的评估后，欧盟也于2013年1月投入16亿美元启动

“人脑”项目，提出与美国类似的技术发展路径，即首先使用超级计算机模拟类脑计算，然后使用半导体设计和工艺技术实现类脑计算芯片。

三、类脑计算芯片的要素取得进展

与传统计算机类似，类脑计算芯片也包括硬件、架构和编程语言三部分。

（一）硬件

要实现类脑计算芯片，首先要实现可模拟人脑神经元和突触的器件。神经元可由现已非常成熟的中央处理器或图像处理器来实现，而突触则直到2008年惠普公司研制出新型器件——忆阻器后才得以迅速发展。忆阻器是一种具有记忆功能的非线性电阻，无须耗能即可记住过去的状态，可模拟人类大脑中的突触，使人工神经网络可根据输入数据调整神经元之间的连接强度，形成认知能力，如图1所示。2011年8月，IBM公司在DARPA SyNAPSE项目的支持下，首次研制出两块具备认知能力的类脑计算芯片原型，可模拟人脑的认知和学习等能力。两块芯片均采用45nm硅工艺制成，带有256个数字神经元和数万个突触，具有强大的并行计算能力，如图2所示。

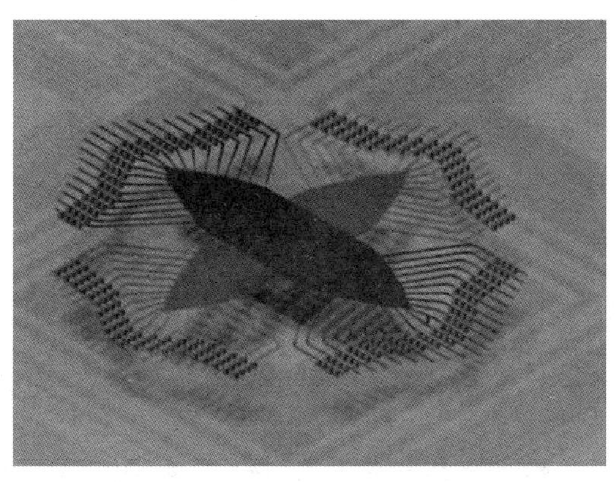

图1　忆阻器交叉阵列

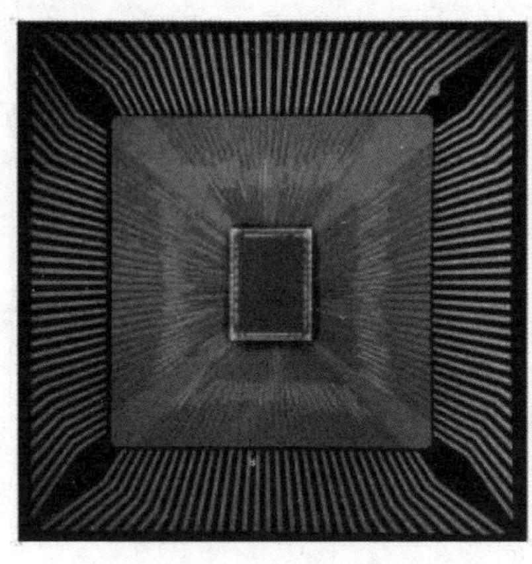

图2 IBM公司研制出的首块类脑芯片

（二）架构

为实现神经元和突触的正常工作，需要与之配套的新型超低功耗、模块化、可大规模并行运算和可高度扩展的架构。IBM公司为此开发出了可模拟大脑中神经元和突触活动的“真北”架构，使类脑计算芯片能够进行认知和学习。同时，IBM公司还为“真北”架构开发出“指南针”仿真器，以在传统计算机上进行大规模并行计算模拟仿真。2012年11月，IBM公司利用“真北”架构在全球第二大超级计算机上模拟出5.3×10^{12}个神经元和1.37×10^{14}个突触，用时仅是人大脑的1542倍，在模拟数的量和速度上均迈出一大步，是SyNAPSE项目的一个重要里程碑。2013年7月，瑞士苏黎世大学和苏黎世理工学院联合美国和德国高校共同研制出“神经形态芯片”，通过采用类似人脑信息处理模式的新架构，实现对输出信息的实时处理和回应。研究人员借助该系统，演示了需要短期记忆力和依赖语境的决策能力，显示出认知计算的典型特征。

（三）编程语言

为配合新架构下的应用开发，IBM以Matlab面向对象编程模型为基础，开发出以神经核为基本组成模块的新型编程语言Corelet，以及一系列针对特定应用的程序包。一个程序包对应一个特定神经突触功能的完整蓝图，并可与其他程序包结合实现更大、更复杂和更多功能。目前，IBM 已开发出 150 个程序包，可实现大脑的多个常规功能，如人造鼻子、耳朵和眼睛的感知应用等。其中，数字识别、序列感知、防撞和光线检测等 7 个程序包已在“指南针”仿真器上完成验证。2013 年 10 月，美国高通公司宣布和 IBM 公司合作研制出神经处理器芯片 Zeroth，并为训练 Zeroth 自主学习开发出一套软件工具。在试验中，Zeroth 被安装于四轮机器人中，仅通过简单的“好”和“坏”指令即可学会正确地识别路线，不再需要复杂的路径描述程序代码。

四、类脑计算芯片将提供大数据处理能力和智能化应用

高通公司希望 2014 年能开发出神经处理器。IBM 公司希望能研制出体积只有人脑大小，但包含 10^{11} 个神经元和 10^{15} 个突触、性能是人脑 10 倍的类脑计算芯片，最大功耗仅为 1000W。与传统计算机相比，类脑计算芯片计算速度慢，但具备更多认知能力，不会替代传统计算机用于高速计算领域，而是将开辟出智能化应用等新领域，如能从数量庞大的信息中梳理出重要片段，将带来信息处理能力的数百倍提升，并显著降低能耗；能通过不断学习来实现复杂环境中的自动信息处理，推动可在高度复杂环境下工作、执行非特定任务和推动具有高度自治性的智能机器人的发展。

类脑芯片研制成功后，有望最先应用于军方，如 DARPA 希望研制出新型图像处理器，该处理器能够自动识别出图像和视频中的 F-15 战斗机和“米格”战斗机；智能机器人能代替人类参与危险环境和活动中，承担路边炸弹搜索和车辆侦查等原来必须由人才能完成的任务。类脑计算芯片最终将在从人工视觉传感器到机器人控制器的多个领域中发挥重要作用，如智能人机接口、多样传感器、智能陆地、水下和机载系统等。类脑计算芯片有望成为计算机技术发展的下一轮高峰，再次激发已经成熟的微电子器件产业，对商业、科学和政府都将带来巨大的影响。

（作者：张倩）

磁阻随机存储器技术发展历程及现状研究

磁阻随机存储器（MRAM）根据磁阻在不同磁化方向下所表现出阻值的高低来记录0和1；兼具静态随机存储器（SRAM）的高读写速度、动态随机存储器（DRAM）的高集成度和闪存（Flash）的非易失性特性；还具有功耗低、寿命长和抗辐射能力强等优点，有望成为“通用”存储器。2009年MRAM被国际半导体技术路线图（ITRS）列为下一代存储器技术之一。

一、MRAM经历的四个发展阶段

1856年英国物理学家开尔文勋爵发现磁电阻效应，1928年英国物理学家保罗·狄拉克证明电子具有“自旋”特性，共同奠定MRAM技术基础。但直到1971年亨特提出制作磁盘磁头时，磁电阻效应才开始受到重视。

衡量磁电阻性能的一个重要指标是磁阻比值（MR），即加磁场前后的阻值差与加磁场前阻值的百分比。MR越高表明磁阻效应越明显。随着MR的不断升高和量子理论的发展，MRAM经历了异向磁阻（AMR）、巨磁阻（GMR），隧穿磁阻（TMR）和自旋转移矩（STT）四个发展阶段。

（一）1972—1992年：异向磁阻（AMR）

AMR为二层镍铁导磁合金夹一层氮化钽构成，MR只有1%～2%；主要研究单位是霍尼韦尔、NVE公司和爱荷华州立大学。由于MR过低，MRAM实用性受到限制，研究进展缓慢，直到1992年霍尼韦尔公司才做出样片，但容量只有16Kb，而且功耗大、可靠性低。

（二）1988—1995 年：巨磁阻（GMR）

1988 年法国科学家阿尔贝·费尔（Albert Fert）和德国科学家格林·伯格发现 GMR 效应，即微弱的磁场变化能带来磁性材料电阻的显著改变。GMR 为 MRAM 带来了全新的发展机遇，两位科学家也因为 GMR 获得 2007 年诺贝尔物理学奖。

GMR 由二层铁磁材料夹一层金属材料构成，MR 为 5%～15%。基于 GMR 的 MRAM 有自旋阀（SV）和赝自旋阀（PSV）两种类型。主要研究单位为霍尼韦尔公司、NVE 公司、IBM 公司、摩托罗拉公司和明尼苏达州大学。1990 年 IBM 公司研究出自旋阀；1994 年 IBM 公司获自旋阀 MRAM 专利；1995 年摩托罗拉公司研制出第一块自旋阀 MRAM。之后 GMR 转向硬盘磁头的研究，成为实现超高密度磁记录的关键技术。

（三）1995—2005 年：隧穿磁阻（TMR）

1995 年，麻省理工学院制作出在常温下具有高 MR 的 TMR，取代 GMR 成为 MRAM 新的研究方向。TMR 将 GMR 中的金属层换为绝缘层，电流方向也由与 GMR 平行变为与 TMR 垂直，如图 1 所示。TMR 与标准光刻工艺兼容，适于微缩，因此 MRAM 开始走向产品化。

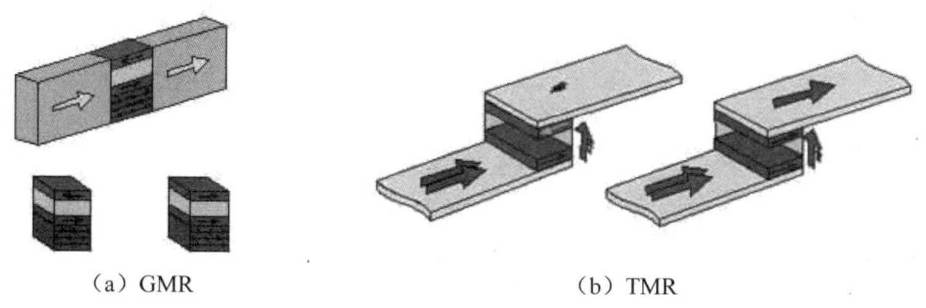

（a）GMR　　（b）TMR

图 1　GMR 和 TMR 结构和电流流向示意图

早期 TMR 的绝缘层为三氧化二铝，MR 为 20%～70%；2004 年起 TMR 使用氧化镁作绝缘层，MR 可达 200%～600%。基于 TMR 的 MRAM 有场写入（FW）型、触发（Toggle）型、热辅助开关（TAS）型等结构；均是通过电流产生磁场，再利用磁场影响铁磁层的磁化方向。研究单位包括美国、日本、韩国、欧洲、中国台湾等国家和地区的数百家公司和研究机构。2004年，摩托罗拉半导体部门独立成飞思卡尔（Freescale）公司，同时宣布MRAM开始供样，标志着MRAM成功实现产品化。之后MRAM的容量继续提高，应用领域不断拓展。

（四）2000年至今：自旋转移矩（STT）

1996年，Slonczewski和Berger预言STT效应，即通过电流直接控制铁磁层的磁化方向；2000年该预言得到证实，STT技术开始迅速发展。2005年索尼公司研制出第一款STT MRAM样片。2007年起STT MRAM因突出的优势成为第二代MRAM技术，获重点发展。IBM公司、飞思卡尔、日立、富士通、东芝、NEC、三星等知名半导体公司和美国Grandis、Avalanche和法国Crocus公司等新兴半导体公司均加入该领域的研究。

二、美、欧、日、韩、俄大力发展MRAM

为抢占下一代存储器市场，美国、日本、韩国、欧盟、俄罗斯等国家和地区均投入了大量资金发展MRAM。MRAM从技术研发到产品上市只用了十年时间，是最快实现产品化的技术之一。

（一）美国持续投资且最先实现商品化

美军从20世纪70年代早期铁磁材料的基础研究起就给予资金支持；1995年常温TMR的成功研制也得益于美军的资助。1996—2000年DARPA开展“自旋电子”（SPIN）项目支持霍尼韦尔、摩托罗拉和IBM公司就PSV和TMR MRAM进行研究，总投资超过5000万美元。1999年、2002年、2003年摩托罗拉公司联合IBM公司分别演示了128Kb、1Mb和4Mb MRAM样片；2004年MRAM实现投产。

2003—2007年，DARPA、国防威胁降低局（DTRA）、海军研究实验室、能源部和国家标准与技术研究所（NIST）分别投入75万、50万、60万、45万和200万美元支持TAS、垂直运输（Vertical Transport）和

STT 等多种 MRAM 技术的研究。当认识到 STT MRAM 的巨大潜力时，DARPA 于 2008—2011 年开展“STT-RAM”项目，投入 2514 万美元支持 Grandis 公司和加州大学进行研究。2012 年 2 月，MRAM 被美国国防科学委员会列为受国防部资助、在军事和经济领域取得广泛和重要应用的五项基础研究之一。

（二）日本注重基础材料研究实现厚积薄发

日本在存储器市场中一直占据主要份额，非常重视下一代存储器的发展。早在 1996 年日本就投入 600 万美元启动“自旋控制半导体纳米结构”项目，支持 MRAM 材料的研究。之后，日本新能源和工业技术开发组织（NEDO）、日本经济产业省（METI）、日本科学振兴机构（JST）等多部门陆续推出“隧穿自旋晶体管”、“超高密度存储器件”、“自旋电子非易失器件”等多个项目。2003 年，东芝联合 NEC 开发出 1Mb MRAM 样片，日本成为继美国之后第二个掌握该技术的国家。得益于扎实的材料研究基础，索尼、日立、瑞萨（Renesas）、富士通、TDK 等多家公司和科研单位均参与到 STT MRAM 的研究中，并保持世界技术领先水平。

（三）韩国通过合作和收购迅速实现技术突破

韩国科学技术部在 2000 年启动为期 10 年的国家级“兆级纳米器件”（TND）计划，年投资额为 1400 万美元，MRAM 为重要研究内容之一，但 MRAM 并无显著发展。2008 年起海力士（Hynix）、三星陆续与东芝、Grandis、IBM 等公司开展合作。2009 年韩国政府投入 2500 万美元支持三星和海力士共同开发 STT MRAM，并在汉阳大学建立 300m^2 的实验室。2011 年 8 月三星收购 Grandis 公司，韩国由此大步跨入掌握先进 STT MRAM 技术国家之列。

（四）欧盟另辟蹊径寻求不同发展道路

欧盟从 2000 年起分别在第 5 和第 6 框架计划（FP）中启动“基于 MTJ 的半导体纳米非易失性电子和存储器”（NANOMEM）、“磁性逻辑器件”（MAGLOG）、“嵌入式磁性元器件”（EMAC）、“自旋感应电流超快开关”（SPINSWITCH）等项目，累计投入829万欧元，MRAM为发展重点之一。欧盟各国中，以法国发展最为迅速，不仅开发出TAS MRAM技术，还积极进行嵌入式MRAM的研究。为此，法国国家研究局（ANR）在2006—2011年先后开展“逻辑磁性电路”（CILOMAG）、“自旋电子学”（SPIN）和“可靠低功耗系统用MRAM电路架构”（MARS）等项目。欧洲研究委员会（ERC）也在2009年投入250万欧元开展为期五年的“混合磁性CMOS集成电路”（HYMAGINE）项目。2010年6月，法国研究出世界首个基于MRAM的FPGA。

（五）俄罗斯通过技术引进奋起直追

2011年5月，俄罗斯纳米集团公司（RUSNANO）投入3亿美元与法国Crocus公司合作在俄罗斯建立TAS MRAM 90和65nm生产线。第一阶段原计划于2013年建成投产，但目前未有建成报道。俄罗斯希望能借此次合作跻身全球存储器供应商之列。

三、3种MRAM技术并行发展

MTJ的两个铁磁层中，磁性固定的称为固定层，磁性不固定的称为自由层。当磁化方向一致时，MTJ呈现低阻特性，表示0；反之呈现高阻特性，表示1，如图2所示。因此，通过测量MTJ的阻值即可读取数据；通过改变铁磁层的磁化方向即可写入数据。由于MTJ在状态切换时不涉及电子移动，因此MRAM的功耗极低。MRAM现阶段主要分为Toggle、TAS和STT 3种类型。

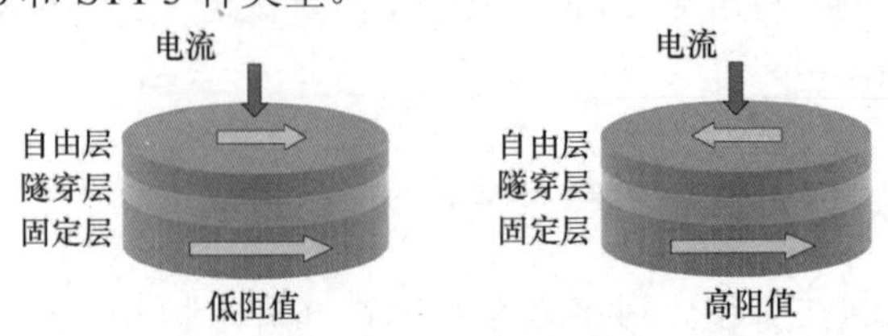

图2　MTJ结构示意图

（一）触发型（Toggle）MRAM

基于 MTJ 的 MRAM 最早是 FW MRAM，采用半选方式写入数据，即由位（bit）线和字（word）线各提供写入所需磁场的一半，如图 3（b）所示。当两条金属线的电流大到一定程度时，位于金属线交点的 MTJ 自由层磁化方向发生改变，从而写入数据，如图 4 所示。FW 模式存在严重缺陷：① 可靠性低：位于所选金属线上的存储单元都容易受到干扰发生错误翻转；② 热稳定度低：受热后铁磁层的矫顽力下降容易发生错误翻转；③ 选择性差：金属线相交处的磁场强度在满足要求的同时，还需与相邻单元保持一定的强度差以避免影响，限制了 FW MRAM 的集成度；④ 功耗大。

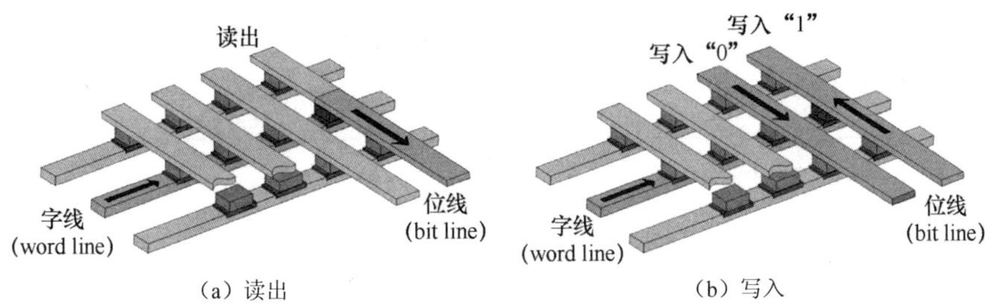

（a）读出　　　　（b）写入

图 3　FW MRAM 读写过程示意图

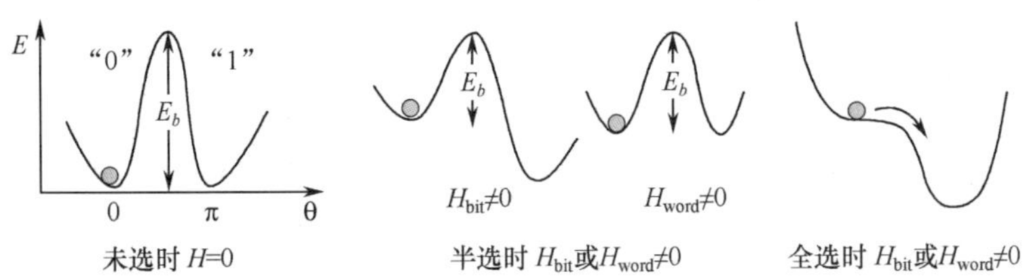

图 4　FW MRAM 写入原理示意图

摩托罗拉公司在 2002 年研发出 Toggle MRAM，将自由层改为由非磁性耦合层和两层铁磁层组成的综合反铁磁体（SAF）结构，如图 5 所示。两个铁磁层的磁化方向相反，并跟随特定电流所施加的磁场呈正交旋转，推动自由层整体磁化方向旋转 180°，完成写操作，如图 6 所示。产生磁场的电流为脉冲式，由位线和字线共同组成，能有效降低功耗和提高选择性。由于 Toggle MRAM 并非直接写入“0”或“1”，而是改变现有状态，因此需要预先读取所存储的数据。Toggle MRAM 结构如图 7（a）所示。

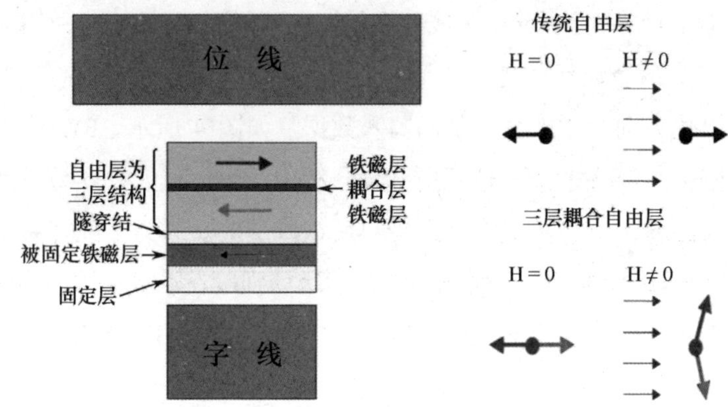

图 5　Toggle MRAM MTJ 结构示意图

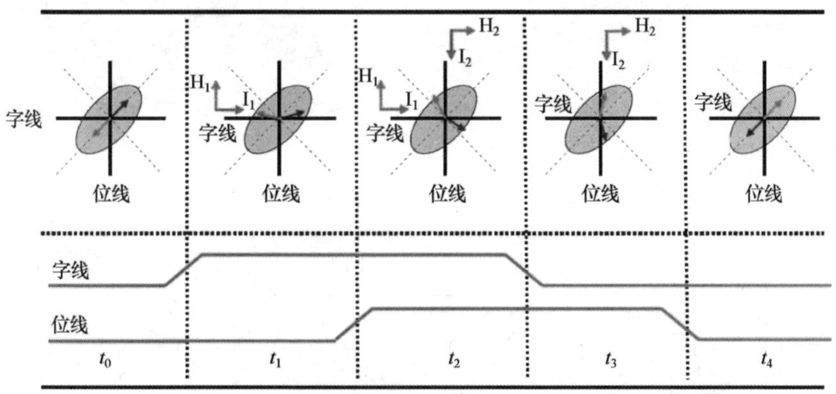

图 6　Toggle MRAM 写入原理示意图

Toggle MRAM 是目前唯一实现产品化的 MRAM 技术。2008 年飞思卡尔的 MRAM 部门独立为 Everspin 公司。2010 年 Everspin 推出 16Mb MRAM 产品，读取速度为 35ns，耐温范围为−40℃～125℃。2012 年艾法斯（Aeroflex）公司基于 EverSpin 的技术推出 16Mb、64Mb 抗辐照 MRAM 产品，抗辐射总剂量达 100Krad（Si），抗单粒子闩锁（SEL）效应达 100MeV·cm^2/mg@125℃，数据保存期限大于 20 年，读写次数超过 10^{14} 次。

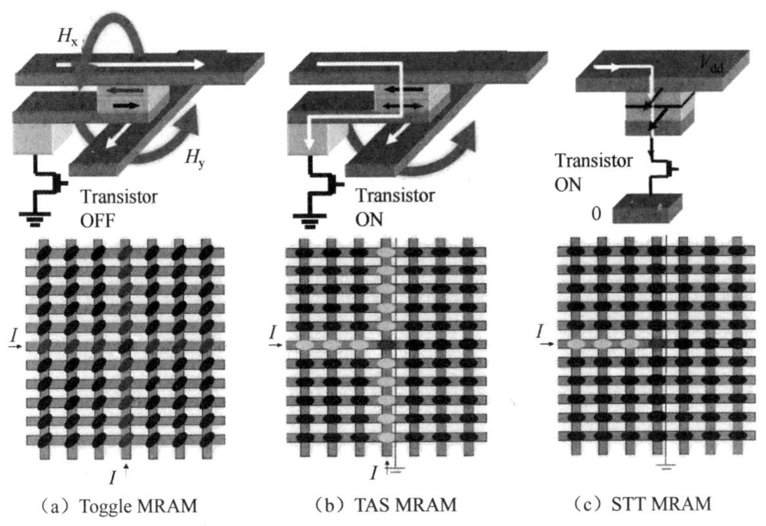

(a) Toggle MRAM　(b) TAS MRAM　(c) STT MRAM

图 7　3 种 MRAM 结构图

（二）热辅助开关型（TAS）MRAM

2002 年法国科研机构 Spintec 和 Leti 发明 TAS MRAM，结构如图 7（b）所示。TAS MRAM 在写入数据时首先对 MTJ 进行加热，以降低矫顽力，其次加入磁场改变铁磁层的磁化方向，最后在磁场中冷却。写入过程如图 8 所示。与 Toggle MRAM 相比，TAS MRAM 可有效降低功耗，提高选择性和热稳定性。2006 年，Spintec 和 Leti 联合成立 Crocus 公司，销售 TAS MRAM 知识产权（IP）核。2010 年和 2011 年 Crocus 公司分别对以色列陶尔（Tower）半导体公司和俄罗斯纳米集团公司进行了 TAS MRAM 授权生产，但目前尚未有产品问世。目前 Crocus 正在研究实现 TAS+STT MRAM 技术。2013 年，美国情报高级研究处（IARPA）与 Crocus 公司签署开发协议，开展每单元可存储 8bit 数据的 MRAM 的研究，以提升芯片安全和增加 MRAM 密钥被破译的难度；Crocus 公司也于同年量产 90nm、32Mb MRAM。

（三）自旋转移矩（STT）MRAM

STT MRAM 使用流经 MTJ 的电流直接改变铁磁层的磁化方向，结构如图 7（c）所示。STT MRAM 是目前最有发展前景的结构，具有众多优点：① 写入电流小，而且电流与 MTJ 面积呈正比，将随特征尺寸的减小进一步降低；② 无定位错误，对周围存储单元无影响，支持多比特并行写入；③ 无须提供磁场的电流通路，易于集成，容量可实现吉比特；④ 能耗低，在便携应用中若使用 STT-RAM 替代 DRAM 可降低功耗的 75%；⑤ 微缩性好，可用于 10nm 及以下尺寸；⑥ 与 CMOS 工艺兼容，只需增加 2～3 掩模板，成本增加不超过 3%。

2011 年年底，DARPA“STT-RAM”项目圆满完成，验证了 STT MRAM 比闪存的读写速度快 100 倍，功耗降低 1000 倍，并演示了量产工艺；三星采用 54nm DRAM 工艺试制出 64Mb STT MRAM 样品；三星和东芝相继开发出垂直 MTJ，此举为 20nm 以下和吉比特 STT MRAM 的实现做好了准备。

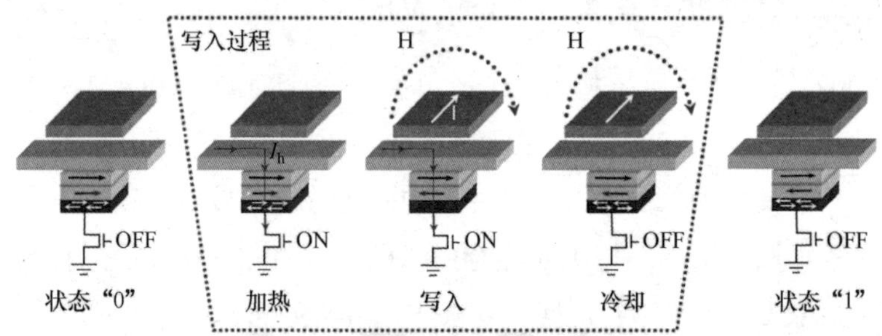

图 8　TAS MRAM 写入过程示意图

（四）MRAM 与其他存储器的比较

MRAM 不仅兼具 SRAM、DRAM、Flash 的优点，与同为下一代存储器的铁电随机存储器（FRAM）和相变随机存储器（PRAM）相比，在容量、存取时间、保存期限上也具有突出的优势。美国国家航空航天局（NASA）喷气推进实验室（JPL）在 2012 年 6 月 NASA 电子器件和封装项目（NEPP）电子技术工作组会议上就各主要存储器的密度、存储时间、电流、面积等参数进行了比较，如表 1 所示。

表 1　MRAM 与其他存储器性能参数比较

	SRAM	DRAM	NOR Flash	NAND Flash	FRAM	PRAM	MTJ MRAM	STT MRAM
密度	144Mb	8Gb	1Gb	64Gb	4Mb	512Mb	16Mb	Gb? **
存储时间	<1ns	260ps	25ns	20ns	55ns	16ns	35ns	<10?
静态电流（mA）	2	150	<1	<1	<1	<1	<1	<1
读电流（mA）	100	1000	20	25	<10	16	30	15?
写电流（mA）	100	1000	50	25	<10	20	30	15?
存取次数	无限	无限	100k	0.5-100k	10^{14}	10^{6}	无限	无限
保存时间	不保存	不保存	>10 年	>10 年	>10 年	>10 年	>20 年	>20 年
芯片面积（F^2）*	100	8	6	5	10	6	10	<4?
抗辐照	无	无	无	无	有	无	有	有
成本/Mb（美元）	2	0.0004	0.1	0.0002	10	0.05	1.5	?

说明：*F 表示栅长尺寸；**带？表示预计值。

四、MRAM 展现巨大应用前景

MRAM 具有非易失性、低功耗、瞬间启动、长寿命、支持无限次读写、抗辐照等优点，第一代 MRAM 已在便携式装备、工控系统、汽车电子、军事和宇航应用中崭露头角。自 2006 年上市，MRAM 已用于日本 SpriteSat 卫星、空客（Airbus）公司的 A350 XWB 客机飞行控制计算系统、宝马公司的引擎控制单元 RSM5、西门子公司的工业触摸屏产品、戴尔和 LSI 公司的服务器、RAID 控制器和路由器以及日本 Buffalo 公司的固态硬盘等产品中，替代闪存和 SRAM 或支持可编程逻辑控制器等。2011 年 Everspin 公司 MRAM 销量再次大幅上升，是 2010 年的 3 倍。第二代 MRAM 技术——STT MRAM 技术已初步成熟，预计在 1～2 年内实现产品化。未来 MRAM 将向 20nm 及吉比特容量方向发展，并不断扩大特别是军事领域的应用。MRAM 的迅速发展还将带动自旋电子学的发展。

（作者：张倩）

美军高度关注伪冒电子元器件问题

随着电子元器件供应链的全球化扩展，军用电子元器件面临巨大的安全可控风险。近两年，伪冒电子元器件大量进入美军武器装备系统，引起美国国会、国防部、国土安全部、商务部、国家宇航局、政府问责署等多部门的高度关注。

一、伪冒电子元器件成为武器装备和网络电磁空间安全的重大隐患

根据美国商务部和政府问责署的描述，伪冒电子元器件是指非原厂生产，或版图以及等级、型号、生产日期等信息被更改，意图冒充原厂元器件的伪造品或假冒品。其大致分为五类：非授权的逆向仿制产品、设计或生产环节遭到恶意篡改的产品、旧件翻新产品、不合格件再流通产品、虚假标识产品。2007年以来，美国政府和军方开展了一系列调查和举证工作，认为伪冒电子元器件问题已对武器装备和网络电磁空间安全带来重大危害，主要表现在以下三个方面。

（一）伪冒电子元器件大幅增多，殃及众多重要武器装备

美国商务部2010年《国防工业基础评估：伪冒电子元器件报告》称，美国国防采办中伪冒电子元器件案件由2005年的3369件增长到2008年的8644件，增长了2倍多。尤其近两年，伪冒电子元器件案件呈现更快上升势头。2012年2月，美国知名研究公司IHS发布的调查报告进一步显示，2011年的伪冒电子元器件案件数是2009年的4倍，主要涉及模拟集成电路、微处理器、存储器、可编程逻辑器件和晶体管五大类，并有从集成电路向分立器件扩散的趋势。2012年10月，IHS公司再次

发出警告，伪冒电子元器件案件数仍在以2011年的速度继续增长，增长率达到107.3%。

伪冒电子元器件已渗透到电子元器件生产商、分销商、装备集成商和国防部等供应链各环节，受影响部门或企业的数量占国防电子供应链的40%。2011年美国政府问责署在对国防后勤局、导弹防御局等国防部门和若干装备的调查中均发现了伪冒电子元器件。参议院军事委员会调查的1800例伪冒元器件案件中，发现总数超过100万件的伪冒元器件进入了美军现役装备，包括空军C-17、C-130J、C-27J运输机和P-8A反潜机，海军陆战队AH-64、SH-60B、CH-46直升机，以及陆军末段高空区域防御（THAAD）系统等，详细内容发布于2012年5月的《国防供应链伪冒电子元器件调查报告》。

（二）伪冒电子元器件显著降低装备可靠性，增加研制时间和成本

伪冒电子元器件在质量可靠性方面存在缺陷，与原厂电子元器件相比，伪冒电子元器件的性能、可靠性、寿命等通常无法满足军用要求。即使最有可能通过性能检测的翻新器件，根据美国空军的测试，其实际寿命也降至不足原厂器件的30%。

伪冒电子元器件正成为武器装备性能和可靠性的巨大隐患。美国商务部调查发现，伪冒电子元器件可导致武器系统的可靠性每年下降5%～15%，甚至可使装备失效。美国政府问责署举例称，导航系统中的伪冒振荡器将造成无人机无法返回。参议院军事委员会调查也指出，已部署到阿富汗的2架C-27J运输机中发现伪冒存储器，这使得飞机发动机状态、燃料情况、诊断数据等重要信息极易丢失。在战时等极端严酷环境下，伪冒元器件甚至会直接导致装备失效，如2009年美军“捕食者”无人机在阿富汗对重要目标人物发动攻击的一刻突然坠毁，正是由于自飞控系统的伪冒元器件，该事件致使美国国防部对所有该型无人机进行了停飞和检查。

伪冒电子元器件一旦装机，其检验、替换的时间与经济成本将十分巨大。美国国防部估计，仅替换现役装备中仿制和翻新的电子元器件的费用就将高达数亿美元。即使单型装备中伪冒电子元器件的替换成本也极为高昂，如陆军THAAD系统中伪冒电子元器件的替换费用预计为270万美元。同时，伪冒电子元器件也已成为导致装备研制项目超期或超支的重要原因之一，美国国家宇航局某探测项目曾因此不得不延期9个月，并超支20%。

（三）被恶意篡改的电子元器件严重威胁网络电磁空间安全

微处理器是网络电磁空间的重要构成，其一旦被植入恶意电路，可导致性能劣化、功能失效，信息窃取、监听控制等。目前，美军已掌握恶意电路植入技术，并验证了人为工艺缺陷可使设计寿命15年的军用卫星在6个月后失效。

美国军用集成电路90%以上依赖海外制造，国防科学委员会、美国导弹防御局、联邦调查局和国土安全部等多个国防和政府机构均表示集成电路可能在设计或生产环节遭恶意篡改，危害美国网络电磁空间安全，并发现已有销往美国的商用元器件被预置了恶意电路。美国《国防部网络电磁空间行动战略》强调了应重视电子元器件供应链的安全性，并将其信息产品中可能被植入恶意电路确定为重大威胁。

二、监管不力、措施不足是美国伪冒电子元器件问题日益严峻的主要原因

受利益驱使制售伪冒电子元器件活动日益猖獗，而且在流通、采购、检验、供应商管理等环节缺乏有力监管和应对措施，导致伪冒电子元器件在美国防系统中蔓延和泛滥。

（一）缺乏对伪冒电子元器件的有效监管和处置措施

美国多个部门的调查认为，国防部对伪冒电子元器件的监管和处置

存在以下薄弱环节：① 国防部对伪冒电子元器件尚无统一定义，对已发现的伪冒电子元器件也没有明确的处置要求，导致各方针对伪冒电子元器件的相关工作缺少统一的认识和工作基础；② 规范国防采购的《国防联邦采购法案》（DFAR）未制定防止伪冒电子元器件的专门条款，使得相关工作缺少权威、有效的法律依据；③ 国防部和其他政府机构对列入国防供应商名录中企业的产品和资格复核不及时，以致获得认证的分销商却成为伪冒电子元器件的最大来源；④ 包括负责国防部采购的国防后勤局等在内的众多国防部门在电子元器件的采购、检测、废件处理等环节尚未建立有效的应对措施，以致调查中出现已被国防部门判定为不合格的产品再次进入国防供应链的情况；⑤ 关于伪冒电子元件的标准未得到有效实施，仅有的国家宇航局制定的 AS5553 标准——《伪冒电子元器件的规避、检测、减少和处置》在国防部门中仅作为参考而未强制实行。

（二）分销商和互联网成为伪冒电子元器件的最大来源和流通平台

独立分销商通常可为用户提供较好的供货周期、价格及停产断档产品，是军用电子元器件供应链中不可或缺的重要环节，然而由于缺少检测设施和政府监管，独立分销商受利益驱使制售伪冒电子元器件，已成为伪冒电子元器件的最大来源。值得注意的是，由于电子元器件生产商的废件处理、产品退货、分销商授权与问责等管理制度不完善，即使信任度较高的生产商和授权分销商的产品中也存在伪冒电子元器件。

由于缺少监管，作为军方停产断档元器件重要交易市场的互联网已成为伪冒电子元器件制售者偏好的供销平台，甚至一些大型电子元器件网络供销商因疏于对供应商的资质考核沦为了伪冒电子元器件的集散地。美国政府问责署于 2012 年 2 月发布《国防部供应链：互联网采购平台供应疑似伪冒元器件报告》，进一步说明互联网交易平台上伪冒电子元器件泛滥的严重性。

（三）装备集成商缺乏防范措施，采购并使用了伪冒电子元器件

装备集成商及子系统集成商尚未建立完备的伪冒电子元器件防范措施。采购中缺乏监管，迫于停产断档或价格、货期的压力，存在采购人员擅自采购伪冒电子元器件的现象；制售伪冒电子元器件的技术不断改进，常规检查手段难以奏效；对上游供应商的产品质量评价体系不完善，导致伪冒电子元器件通过一级级的子承包商最终进入装备集成商。在参议院军事委员会的调查中，雷声、L-3 通信、波音等众多装备集成商均在不知情的情况下使用了伪冒电子元器件。

三、军地共同应对伪冒电子元器件问题

为应对日益严峻的伪冒电子元器件问题，美国政府和军方自 2011 年以来采取了一系列积极的应对措施。

（一）制定防止伪冒电子元器件法律条款

美国国防部在《2012 国防授权法》中首次制定了针对伪冒电子元器件的条款。该法案规定：立即评估国防部现有采购政策及对伪冒电子元器件的防范能力；必须制定统一的“伪冒电子元器件”定义，并发布具体的防范指南；修订《国防联邦采购法案》，增加防范伪冒电子元器件的相关条款。美国国家宇航局也在此前《国家宇航局授权法》中新增了类似内容。此外，该法案特别强调加强对装备集成商及电子元器件供应商的管理，主要包括改进国防部和国家宇航局对元器件供应商的认证和考核，增加技术和管理等具体要求，提高准入门槛，按需、分级建立可信供应商名录并定期考核和调整；装备集成商必须从可信或许可的供应商采购电子元器件，并制定采购、检验、人员培训、跟踪与上报等具体策略，同时对上游子供应商提出同样要求；如果在装备中发现伪冒电子元器件，维修替换工作及其费用全部由装备集成商负责，国防部有权立即

中止合同并拒付任何费用。

应法案要求，国防部负责采办、技术与后勤的副部长以及国防后勤局、国防联邦采购管理委员会在2012年采取了多项应对措施。2012年3月，国防部发布“国防部防范伪冒电子元器件最高指南”备忘录，对伪冒做出定义，并给出具体防范、检测方法和补救措施；11月，国防后勤局启动“通过测试认证的供应商名录”项目，拟通过预先审核方式建立关键、停产的元器件供应商名单。另外，《国防联邦采办法》中将新增2012-D055“伪冒电子元器件的检测和防范”条款，对伪冒电子元器件定义、装备集成商责任、政府职能等内容做出明确规定，目前该条款已通过国防采办管理委员会的审核，处于最终修订阶段。

（二）开展反伪冒电子元器件技术研发

美国国防部门加大元器件防篡改、伪冒元器件鉴别和恶意芯片检测三大技术的研究力度。国防先期研究计划局于2007年和2010年分别启动“可信集成电路”、“集成电路完整可靠”项目，大力发展恶意芯片检测技术，确保元器件尤其是集成电路产品安全可用。2011年，美国海军实施“电子系统保护”项目并研制出物理不可复制功能（PUF）技术，该技术已应用在美国美高森美公司2012年10月推出的具有最高安全特性的现场可编程门阵列产品中，以期从根源上防止元器件被逆向复制。此外，2012年1月，国防后勤局（DLA）宣布研制出可用于元器件防伪标示的植物DNA技术；2月，受国防部委托，爱达荷国家实验室证实该技术无法破解和仿造，可有效防伪；8月，国防后勤局在国防后勤采办指令52.211-9074中新增“高危器件使用DNA标识”条款，要求“联邦供应目录——微电子电路”中的供应商为其供应的产品从2012年11月起必须带有植物DNA防伪标识。

（三）加大处罚力度和电子元器件进出口管理

美国多部门协同，不断加大伪冒电子元器件案件查处力度。司法部专门成立“伪冒微电子器件工作小组”，对制售伪冒电子元器件的人员进行调查和起诉，目前已刑拘了5家向军方销售伪冒电子元器件公司的负责人。另外，对《伪冒商品交易法案》进行修订，将制售伪冒电子元器件的个人和公司的处罚金额分别提高至200万和500万美元，人员监禁上限由5年提高到终身监禁。

在电子元器件进出口管理方面，海关与边境保护局已表示将加大对伪冒电子元器件入关时的关检力度；国土安全部正研究建立发现进口产品中伪冒电子元器件的评估体系；此外，国会开始论证《可靠电子器件回收法案》，拟加强对计算机、打印机等电子垃圾出口的管制，以减少伪冒电子元器件中翻新件的来源。

（作者：张倩）

赛博空间研究

2013 年度赛博空间发展综述

赛博空间是由因特网、电信网、计算机系统及嵌入式处理器和控制器等相互关联的信息基础设施网络组成的人造空间，承载着人类多种形式的数字化活动，如生成、传输、接收、存储、处理和删除信息等。它已被视为继陆、海、空、天后的“第五维空间”。

近些年，以美国为代表的世界军事强国非常重视赛博空间的发展，赛博空间已成为信息时代国家间博弈的新舞台和战略利益拓展的新疆域。多个国家已制定了赛博空间战略和政策，不断完善和优化赛博空间管理机构，确定了未来赛博技术的发展重点，同时积极开展赛博军事演习，全面加强赛博空间力量建设。进入 2013 年，世界军事强国在赛博空间领域动作频频，美国、日本、法国、印度、欧盟等国家和地区出台了与赛博空间相关的战略、政策；美国、日本、韩国、印度、以色列等国家在赛博空间领域建立了相关机构或进一步强化了赛博作战力量；美国、日本、伊朗等国家开展了与赛博空间相关的军事演习活动；以美国为首的军事强国还积极研究赛博攻防关键技术，在赛博攻击、防御、基础技术领域均有重要进展；同时，2013 年多国还曾遭到过不同程度的赛博攻击。

一、顶层文件

21 世纪以来，世界主要军事强国都在积极推进赛博空间顶层设计，美国走在了世界前列，已密集出台系列战略政策，率先构建起国家顶层的战略政策体系，2013 年美国进一步细化了其赛博空间战略、政策体系；世界其他国家和地区赛博空间战略、政策虽还未成体系，但 2013 年也有大量重要战略、政策出台。

1. 美国

3月，美国空军正式发布《2025年赛博愿景：2011—2025年美国空军的赛博空间科学与技术愿景》，提出了诸多保障美国空军赛博空间安全运行的技术与方法，为美国空军在近期、中期和远期应当如何推进赛博空间相关工作发展提供了一份科技蓝图；7月，美国国家标准技术研究院发布《赛博安全框架纲要（草案）》，旨在指导企业加强赛博风险管理，帮助企业评估和应对赛博威胁及其影响，进一步提高国家关键基础设施赛博安全性。

2. 日本

6月，日本发布《日本复兴战略》，在产业复兴计划中，明确提出要促进信息技术的有效利用，而其中关键之一就是要加强赛博空间安全对策；同月日本又发布《赛博安全战略》，正式将“赛博安全立国”列为国家战略，明确了日本各机构在赛博安全事务中的职责和应采取的措施，提出了日本赛博安全建设的具体目标，这是日本构建“强韧、有活力、引领世界”的赛博空间的重要指导战略；7月，日本发布2013年度《防卫白皮书》，突出强调赛博空间威胁对日本国家安全的重大影响，并明确了日本赛博空间作战力量的建设方向。

3. 法国

4月，法国发布《国防和国家安全白皮书》，白皮书提出了2014—2019年法国国防和国家安全战略，将赛博安全列为未来工作重点之一，指出了法国应重点关注针对系统的蓄意攻击及关键信息基础设施面临的赛博威胁，同时强调法国应进一步加强本国赛博能力。

4. 印度

7月，印度政府出台《2013年国家赛博安全政策》，该政策提出要建立一种有效机制，以获取信息通信技术基础设施遭受威胁的信息，并进行响应和处理，还提出要设立一个中心机构，负责协调国家赛博安全相关事宜，旨在为民众、企业和政府建立一个安全、弹性的赛博空间。

5. 欧盟

2 月，欧盟委员会、欧洲议会、欧洲经济社会委员会和地区委员会共同发布《欧盟赛博安全战略：一个开放、安全和可靠的赛博空间》，明确了相关机构在赛博安全事务中的职责，并强调将发展与赛博安全相关的技术。

6. 北约

3 月，北约赛博合作防御卓越中心发布《适用于赛博战的国际法——塔林手册》，明确了国家发起赛博攻击时应遵循的原则，以及抵御赛博攻击时可采取的反制措施。

二、组织机构与作战力量

世界军事强国重视赛博空间力量建设，特别是攻防对抗力量。美国近些年已经完成了国防部层面、各军兵种层面的力量框架建设，其他军事强国也都在秘密发展本国的赛博空间专业力量。

1. 美国

2013 年，美国重点细化其赛博空间攻防力量，着力打造“赛博空间精英部队”，增强攻防对抗能力。3 月，美国对赛博司令部进行了机构调整，计划于 2015 年 9 月前组建 100 个以上的赛博安全分队，调整后的赛博司令部将由赛博防御部队、国家任务部队和作战任务部队组成；美国陆军建立了第 7 赛博任务单元；美国空军航天司令部计划从 2014 年开始，在原有 6000 名赛博专业人员的基础上新增 1000 名人员；美国空军预备役司令部 3 月还成立了第 960 赛博空间行动组，负责提供具有赛博专业技能的作战人员，保护空军和国防部全球信息栅格，并将管理全美 10 个预备役部队的赛博机构；美国海军赛博司令部计划配置并训练一支赛博作战力量，并在 2016 年前增加 1000 人。

2．日本

2013年，日本在赛博空间组织机构和作战力量建设方面十分活跃，力图全面提升自卫队应对赛博攻击的能力。2月，日本防卫省成立“赛博政策研究委员会”，该委员会将就防卫省提出的“调用自卫权应对大规模赛博攻击”，以及成立“赛博空间防卫部队”等相关事宜，开展具体的政策研究和推进工作；7月，日本防卫省为提高自卫队对赛博攻击的应对处理能力、提升国防信息基础设施的维护和恢复能力，又成立了“赛博防御合作委员会”；2013年年底，日本建立了“赛博空间防卫部队”，该部队具备信息收集和共享、赛博防御、技术支援、调查研究以及开展训练的能力。

3．其他国家

除美国和日本之外，2013年欧、亚多国也成立了相关组织体系或专业队伍，明显加快了赛博空间力量建设的步伐。这些国家的最新建设动向如表1所示。

表1 2013年世界其他国家赛博空间组织体系和专业队伍最新动向

国家	新成立的组织机构或专业队伍	备注
英国	赛博作战指挥机构	在建
俄罗斯	赛博战组织	在建
印度	赛博空间司令部	已处于最后阶段
韩国	赛博策略部门	已成立
以色列	赛博防御控制中心	已成立
澳大利亚	澳大利亚赛博安全中心	已成立
新加坡	赛博防御行动中心	已成立

三、技术

世界军事强国的赛博技术发展已成体系，并逐渐与实战相结合。2013年，赛博攻击、防御和基础技术领域出现了新的进展，赛博攻击技术正由非特定攻击技术逐渐转变为以病毒为主要手段的精确持续性攻击技术，攻击对象多为国家关键基础设施；赛博防御技术进一步朝“主动防御”的方向发展；赛博空间测试技术能更快速、有效地测试分布式、大规模网络、信息系统及相关技术。

1．攻击技术

1 月，卡巴斯基实验室发现了一种名为“红色十月”的病毒，已攻击了至少 39 个国家，主要针对这些国家的大使馆、原子能研究中心、石油天然气研究机构等，窃取了大量国家秘密文件或地缘政治情报；2 月，卡巴斯基实验室发现另一种名为“迷你杜克”的新型病毒，主要用于监视全球多个政府部门和研究机构的相关信息，病毒已攻击了乌克兰、比利时、葡萄牙、罗马尼亚、捷克和爱尔兰等多国的政府部门和研究机构。

2．防御技术

3 月，DARPA 发布“无线网络防御项目”信息征询书，旨在研究在若干网络节点受损的情况下，主动调整网络拓扑并保证语音和数据无线网络持续可信的技术；10 月，DARPA 授予曼迪昂特公司 250 万美元的新合同，用于“主动身份认证”项目第二阶段的研发工作，该项目于 2012 年年初启动，采用基于软件的生物行为特征识别技术来加强国防部内部网络的访问控制能力；10 月，Hexis 赛博空间解决方案公司宣布推出“鹰眼 G”技术解决方案，该方案将工具、技术和最先进的攻击程序相结合，可在精确持续性威胁危及知识产权或破坏业务之前，就将其检测、诊断并进行清除，从而实现主动防御功能。

3．测试技术

2013 年，DARPA 已经正式将“国家赛博靶场”移交给国防部测试资源管理中心，这标志着“国家赛博靶场”从实验测试阶段过渡到正式部署阶段；2 月，美国波音公司展示了其研制的便携式赛博靶场系统——“箱式赛博靶场”，该系统作为赛博安全模拟与演练的工具，可提供更加高效和逼真的虚拟环境。“箱式赛博靶场”比传统赛博空间靶场的运行速度高出 6 倍，并且演练成本更低，能够帮助公司和政府机构演练赛博空间防御，以增强应对赛博攻击的能力；9 月，美国波音公司又对“箱式赛博靶场”的软件进行了升级。

四、军事演习

为了更好地支持赛博空间战略和政策的制定、检验赛博空间装备实战能力、提升赛博空间环境下士兵的作战水平，世界军事强国还积极开展多种类型的赛博空间军事演习，主要有国家军事演习、军地合作军事演习、跨国军事演习等，许多演习已开展多年。进入 2013 年，世界各国赛博空间演习十分频繁，美国已开展了“赛博风暴”、“赛博旗帜”、“赛博防御演习”、“量子黎明 2”等演习；北约相关国家开展了“锁定盾牌 2013”、“赛博联盟 2013”、“赛博黎明”等演习；世界其他国家，如日本、伊朗，也开展了不同类型的演习。

1. 美国

6 月和 8 月，美国在密苏里州和密西西比州各举行了一次“赛博风暴演习”，该演习是美国国土安全部牵头的系列演习，旨在进一步整合联邦、国家、国际和私人部门的响应和防御，并且帮助参演方评估其在特定赛博事件中的响应与协调能力。11 月 8～19 日，美国举办了第三届“赛博旗帜”演习，该演习目的是在闭环网络环境下测试应对敌方攻击的知识和技能，为整个美国政府赛博相关部门和组织提供虚拟环境中的实战演习机会。4 月 16～18 日，美国国家安全局开展了第十三届军种内“赛博防御演习”，该演习是年度性的大规模计算机赛博防御竞赛，旨在测试参演小组在恶意攻击的环境下，建立和维护一个全效运行的计算机网络的能力。7 月 18 日，美国证券行业和金融市场协会开展了“量子黎明 2”赛博安全演习，该演习旨在测试金融服务部门和私人公司等面临赛博攻击时的事件响应、解决和协调流程。

2. 北约

4 月 12 日，北约赛博合作防御卓越中心与其合作伙伴共同组织“锁定盾牌 2013”赛博防御演习，演习目的有 4 个：一是测试参演方是否能够准备好应对赛博攻击；二是提升团队合作、通信和领导能力；三是提供测试新工具和新技术的机会。11 月 26～29 日，北约举行了第六次赛博防御演习——“赛博联盟 2013”演习，该演习旨在训练技术人员及其领导力，测试参演联盟保护其网络免遭攻击的能力，同时测试盟友及合作伙伴在防御多次赛博攻击时的协调能力。9 月 3～4 日，挪威 Telenor 公司开展了“赛博黎明”综合应急演习，挪威国家安全局、赛博部队和其他实体都参与了此次演习，演习旨在加强企业、政府部门间的赛博信息共享，提升其赛博防御能力。

3. 日本

2 月 9 日，日本政府相关省厅联合电力、铁路等基础设施运营商，共同开展了历年来最大规模的应对赛博攻击的演习。3 月 12 日，日本政府和电力公司开展了首次应对赛博攻击的演习，该演习旨在应对半导体工业、核电站等关键基础设施系统遭受的赛博攻击。11 月 29 日～12 月 12 日，日本陆上自卫队北方军队与美军在札幌驻地开展了日美联合军指挥所演习，该演习的目的是应对首次遭受赛博攻击。

4. 伊朗

12 月 28 日，伊朗海军在霍尔木兹海峡开展了为期 6 天的“Velayat 91”演习。该演习中，伊朗海军首次开展了赛博空间演习，以模拟应对黑客及病毒攻击。

五、安全事件

2013 年，美国、朝鲜、以色列均遭遇了有针对性的大规模赛博攻击，金融机构、电信机构、新闻媒体和互联网成为赛博攻击的主要目标。

1. 美国

美国的金融机构遭遇多轮赛博攻击，这些攻击始于 2012 年 9 月，截至2013年已有20家美国银行已遭遇了第三轮赛博攻击，美国怀疑伊朗为报复美国的政治制裁，策划了对美国金融机构的大规模赛博攻击，专家认为伊朗使用了分布式拒绝服务攻击，攻击者首先对互联网“云计算”服务提供商的托管服务数据中心进行了攻击，成功控制了大量虚拟机，然后利用虚拟机资源的强大计算能力，对美国金融机构进行了分布式拒绝服务攻击。9月，叙利亚网军对美国海军陆战队网站发动了赛博攻击，网站首页被重新定向，此次攻击事件是叙利亚网军最新的赛博攻击行动。此前，叙利亚网军已对《纽约时报》、“第4频道新闻”等网站发起过赛博攻击。

2．朝鲜

3月13～14日，朝鲜电信机构、新闻媒体遭受大规模赛博攻击，朝鲜多处网络服务器严重瘫痪。此次攻击具有如下特点：一是攻击目标具有针对性，主要目标是新闻媒体机构、电信公司和互联网服务供应商的网络服务器；二是攻击具有持续性和密集性，整个赛博攻击过程持续了两天，大量的网络服务器同时遭到密集攻击；三是以病毒作为攻击手段。

3．以色列

4月7日，以色列网站遭遇大规模赛博攻击，当地民众遭遇了短暂的网络访问受限，黑客匿名组织“以色列行动”于当天公开宣布对此次事件负责。此次针对以色列的赛博攻击主要有三种形式：一是通过分布式拒绝服务攻击，使相关网站瘫痪并导致合法用户服务终止；二是窃取并公布以色列军事在线目录上的信用卡信息；三是利用SQL注入，向网站表单添加代码来访问网络资源或修改数据。

（作者：颉靖　乔榕　蔡晓辉　陈小溪　段磊）

赛博空间病毒武器分析

当前，以美国为首的世界主要国家把发展赛博攻击能力作为赛博空间力量建设的重中之重，积极开展军事备战，推进包括赛博病毒武器在内的各类赛博攻击装备的发展。虽然赛博空间是全新作战域，但在低成本装备研发和巨大作战效果的双重刺激下，其武器装备发展速度远超其他领域，近两年，赛博空间陆续出现多种以国家关键基础设施为主要攻击目标的病毒武器，多次对不同战略目标“试刀”，它们已成为实现国家政治意图，提升战略威慑力的重要手段，引发各方高度关注和警惕。

一、病毒武器频繁出现

2012 年 5 月，俄罗斯计算机病毒防控机构卡巴斯基实验室发布报告，确认发现“火焰”（Flame）病毒，中东地区出现超过 300 个目标遭受感染，该病毒在注入、潜伏、攻击、传输等环节都采用最先进技术，是迄今为止出现的攻击力最强的病毒。它已对伊朗能源部网络进行了攻击，获取了石油部门的商业情报，是一种典型的以情报搜集为主的赛博空间病毒武器。6 月，中东地区发现“高斯”（Gauss）病毒，该病毒也具备强大情报搜集能力，可截取社交网站、邮件以及即时通信账户的登录信息，盗窃相关凭证并进入中东国家金融、银行系统，目前已攻击了中东银行的金融系统。10 月，出现了专门用于攻击大型公司的“微型火焰”（MiniFlame）病毒，该病毒运作情况与“火焰”和“高斯”病毒非常相似。2013 年 2 月，又出现了专门监视全球多个政府部门和研究机构相关信息的“微型杜克”（MiniDuke）病毒。

此前，“震网”（Stuxnet）作为一种典型的赛博空间病毒武器，已被用于赛博空间作战，黑客利用它入侵伊朗核设施中用于制造浓缩铀的离心机电脑系统，破坏了伊朗上千台离心机，严重打击了伊朗核计划。随后又出现了“震网”病毒的变种“毒区”（Duqu），该病毒的重点攻击目标是工业控制领域的元器件制造商，盗取目标设备中的所有以数字格式保存的信息。

二、病毒武器特点显著

这几种病毒武器与一般病毒相比具有显著特点，在隐蔽性、指挥控制、攻击手段、攻击针对性上实现了重大突破。

（一）结构复杂功能强大

以结构最复杂的“火焰”病毒为例，其复杂程度是“震网”病毒的20倍，病毒文件达20MB，代码总量约25万行，由20多个模块组成，并使用 Lua 脚本语言编写，使其结构更加复杂。此外，“火焰”病毒还使用5种加密算法、3种压缩技术和至少5种文件格式。复杂的结构使其具备强大的多任务能力，可同时运用计算机所有输入、输出接口收集资料。

（二）注入手段多样化

这些病毒武器可通过钓鱼邮件、系统漏洞、U盘等多种渠道注入目标主机，并根据指控系统的指令来执行特定任务。特别是“火焰”病毒，它还具备一个新的注入手段，通过伪造微软数字签名证书，将病毒本身作为系统补丁传播给其他主机。

（三）具有强大指控系统

这些病毒武器都可自动连接远程命令与控制服务器，向其上传信息，并接受攻击指令，其中，“火焰”病毒的命令与控制服务器多达80多个，可远程指挥控制对受感染计算机的信息窃取，是迄今为止经鉴定的最大的赛博攻击指控系统。

（四）潜伏和反破解能力极强

“震网”病毒已在伊朗核设施所使用的西门子设备中潜伏长达 1 年，展开攻击前一直未被发现；“毒区”和“火焰”病毒潜伏时间更久，在目标系统中至少潜伏了 5 年，在潜伏期内安全软件一直未能发现，同时，“毒区”病毒的真实恶意软件脚本位于远程服务器上，从未被发现。专家称，由于“火焰”病毒采用多种加密算法和压缩技术，要彻底破解该病毒的运行机理或需 10 年；“微型杜克”病毒具有动态备份系统，能够绕过反病毒检测。

（五）具备精确定向攻击能力

这些病毒能够以国家关键基础设施为精确攻击目标，根据指令在特定时间对特定目标开展攻击。“震网”病毒主要攻击核设施和工业控制系统，“毒区”病毒主要攻击水利设施和工业控制系统，“火焰”病毒主要攻击石油信息系统，“高斯”病毒主要攻击金融信息系统，“微型火焰”病毒则被称为“高度精确的外科手术式攻击工具”，攻击目标可锁定到单台电脑。

三、病毒武器间联系紧密

有关专家目前正试图通过分析 5 年前或更早时候已出现的恶意病毒代码特征段（软件基因），来找出与这几种病毒武器有联系的特征片段，从而进一步追溯它们的来源、联系和目的。虽然这些病毒武器的出现时间不同，攻击方式各异，但通过病毒溯源和研究，已经可以肯定它们之间具有深层次联系，如图 1 所示。

（一）顶层设计均采用模块化理念

这些病毒武器都具备模块化设计理念，有利于病毒代码重用，缩短病毒武器开发周期，加快病毒武器商业化，为病毒武器开发者开启全新商业与合作模式。“震网 2009”与“火焰”病毒之间有相同病毒传播模块；“震网 2010”病毒与“火焰”和“高斯”病毒都有相同 USB 驱动感染模块；“高斯”病毒是一个典型模块化系统，模块数量和组合方式能够依据受感染系统的差异进行变换；“微型火焰”病毒更能体现模块化设计思想，它既能独立攻击一台电脑，也能成为“火焰”或“高斯”病毒的组成模块，与其一起对目标发起攻击（见图 1）。

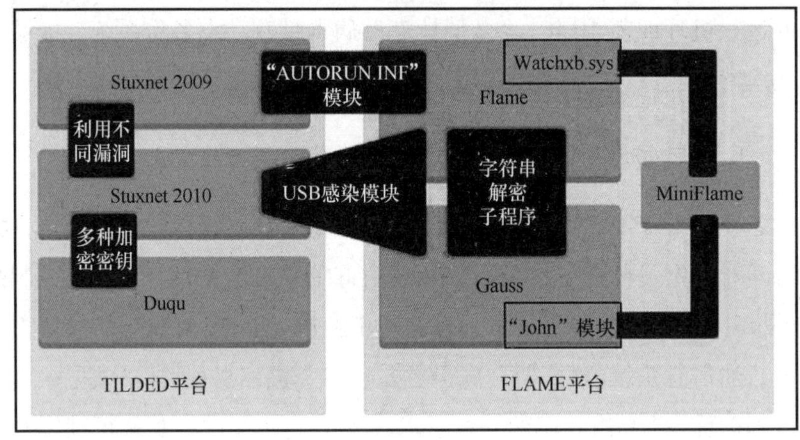

图 1 “震网”、“毒区”、“火焰”、“高斯”和“微型火焰”病毒间的联系

（二）研发过程技术交流合作紧密

“震网”、“毒区”病毒和“火焰”、“高斯”病毒有两套不同平台，“火焰”和“高斯”病毒共享“火焰”平台，早期的“震网 2009”、“震网 2010”和“毒区”病毒共享 TILDED 平台，同一平台下的病毒开发者是相同的，这两套平台虽有各自不同的架构、感染系统和任务执行方式，但有证据表明，其幕后研发团队在早期开发过程中联系紧密，曾有过源代码级别的交流与合作。

（三）政治背景和战略意图相似

卡巴斯基实验室专家指出，如此复杂而具有革命性的病毒武器，绝非出自个人或普通黑客团队之手。只有在政府或军方的领导、协调和支持下，才有可能开展这样的病毒武器研究并进一步实践，否则很难满足资金、研发、试验和人力等方面的需求。2012 年 5 月，以色列副总理亚阿隆暗示，以“火焰”等病毒攻击方式阻止伊朗核活动的做法是“合理”的，这也印证了这些病毒武器的接连出现，的确是有关国家为了干扰和阻挠伊朗核计划进程、破坏和恶化伊朗经济与政治环境而采取的一系列赛博攻击行动。

四、病毒武器对赛博空间产生重大影响

（一）将提升国家在赛博空间的“威慑力”

各国在信息领域的军事能力将对战争胜负产生重大影响，这一思想已在普京 2012 年竞选纲领中得到体现。赛博空间具有易攻难守的特点，如果一国拥有领先的赛博攻击武器，将有效提升其在赛博空间的“威慑力”，在作战过程中占得先机。已出现的病毒武器主要以国家级信息基础设施为攻击目标，攻击国能以较低成本取得显著作战效果，最终很容易实现不战而胜或小战而胜，而防御国需要投入大量资金和精力，而且可能无功而返。

（二）将推动赛博空间立法进程和赛博空间交战规则的部署

这些病毒武器展示了由国家支持的赛博间谍活动以及高端赛博作战能力，这种国家层面的对抗将引发以提高赛博攻防能力为目标的新型军备竞赛，推动赛博空间立法进程和赛博空间交战规则的部署。美国政府目前正在稳步推进其赛博空间立法工作，参众两院目前已受理了包括电网安全、网络犯罪法律执行力、赛博情报共享和保障、赛博和物理信息基础设施保护等多个方面在内的议案；美国国防部已于 2012 年 10 月发布了新的赛博交战规则政策要点，新的赛博交战规则即将部署完成；北约赛博合作防御卓越中心于 2013 年 3 月发布了《适用于赛博战的国际法——塔林手册》，明确了国家发起赛博攻击时应遵循的原则，以及抵御赛

博攻击时可采取的反制措施。

（三）将加快赛博空间对抗性试验环境的发展

赛博武器研制不同于其他武器，对科研试验环境的复杂网络复现能力、资源自动化配置能力和攻防对抗试验能力要求更高，为了开发出先进的赛博武器，必须要有与之相匹配的科研试验环境。美国已投入大量资金建设包括国家赛博靶场在内的研发试验平台群，以逼真复现赛博高对抗环境，加快赛博武器研制速度，有效验证赛博武器性能和毁伤效果。

（作者：颉靖　乔榕　由鲜举　王雁　严丽娜）

美国构建赛博空间一体化管理模式

美国凭借巨大的信息技术优势，在赛博空间领域确立了世界领先地位。但庞大的赛博空间发展规模和迅速提升的数字化、软件化、网络化水平，也使美国面临更多赛博空间管理与安全保障方面的问题。近年来，美国从管理机构建设、顶层设计、军民协作、国际合作、采办管理、供应链安全管理等方面着手，采取多项措施解决赛博空间建设和运行过程中遇到的管理难题，形成独具特色的赛博空间一体化管理模式。

一、建立多层面、分工明确的管理机构

目前，美国的赛博空间管理体系主要由政府、军队和部际合作机构三个层面构成，它们之间明确分工，形成体系，互相协作，共同保障美国赛博空间的快速发展和安全运行。

（一）政府层面，白宫统一协调，各部门各司其职

白宫设立赛博安全协调办公室，在其统一协调下，各部门各司其职，形成政府层面的赛博安全管理体系。其中，国防部制定赛博整体发展战略和政策，运行和保护国防信息系统和网络；国务院负责与赛博安全相关的外交工作；国土安全部作为联邦政府确保赛博安全的核心机构，协调全美赛博安全告警和关键信息基础设施信息共享；联邦调查局负责美国国内恶意赛博活动；中央情报局、国家安全局负责国外赛博空间恶意活动；商务部制定与赛博安全相关的标准和框架；财政部、司法部也承担了一些辅助性管理工作。

（二）军队层面，赛博司令部抓总，各军种予以配合

美军赛博司令部于2009年成立，主要负责规划、协调、集成、同步

和指导作战活动，各军种也建立了赛博作战指挥机构以支持赛博司令部。赛博司令部向国防部首席信息官提出作战与信息保障需求，首席信息官据此制定具体政策、流程和标准。

2013年，美国国防部对赛博司令部进行调整，将其下辖力量划分为赛博防护部队、国家任务部队和作战任务部队三类，使其职责更为明确。其中，赛博防护部队负责保护军队的赛博安全；国家任务部队负责保护美国电网、金融机构及其他关键基础设施的赛博安全；作战任务部队负责为地区作战指挥人员提供赛博攻击能力。

（三）部际合作层面，成立跨部门机构，加强协作

美国已形成一个覆盖国土安全、情报、国防、执法四个领域的赛博空间事件应急体系，成立了跨部门的计算机应急响应小组、国家电信协调中心、国家赛博安全中心、工业控制系统赛博应急响应小组、国家响应协调中心、国家基础设施协调中心、国家赛博调查联合特遣队等机构，有效加强了部门间的协作，提升了处理赛博空间紧急事件的能力。

二、从顶层设计指导赛博管理工作

（一）构建国家顶层战略政策体系，宏观规划赛博力量总体建设

美国进一步提高了赛博安全在国家安全中的战略地位，通过制定或修订政策和法律框架，指导政府赛博安全管理工作。近年来，美国已密集出台了《赛博空间国际战略》、《赛博空间可信身份认证国家战略》等战略与政策，基本构建起国家顶层的战略政策体系，从外交、经济、情报、军事和技术等角度宏观规划美国赛博空间力量的总体建设。

（二）出台作战顶层指导文件，细化赛博作战管理

除制定战略、政策之外，美国国防部还出台了一系列赛博作战顶层

文件，指导赛博作战管理，细化各机构的权限与职责。《美国赛博司令部作战概念》1.0版确定了赛博司令部在作战中与各军种和地区司令部之间的指挥协调关系。2012年6月颁布的《参联会赛博行动过渡性指挥与控制方案》，将更大的赛博攻击与防御权授予各地区作战司令部，在每个战区建立联合赛博中心和赛博保障单元部队，按照地区作战部队的作战计划和行动来规划和实施相应的赛博行动，将赛博行动与作战行动集成，使作战效果最大化。2013年3月，以美国为首的北约发布《适用于赛博战的国际法——塔林手册》，明确了北约国家发起赛博攻击时应遵循的原则，以及抵御赛博攻击时可采取的反制措施。

三、以军民协作和国际合作方式加强管理

（一）建立军民协作的赛博科学技术研发管理体系

由负责研究与工程的助理国防部长领导的引导委员会及相关工作组织组成赛博科技研发管理机构，负责解决共性、基础性问题及跨部门协调工作；国防信息系统局、国防高级研究计划局及各军种科研机构负责管理技术研发；相关信息技术企业、大型防务公司承担军方具体的研发工作，同时美军还加快吸收商用赛博空间技术。通过这种模式，美国可以更高效地解决人才、技术、管理和资金方面的矛盾。

（二）利用军民机构协作强化应对赛博攻击

美军已与国土安全部、能源部、联邦调查局、中央情报局、国家安全局等机构建立了跨部门协作机制。如果攻击源头经确定在海外，由赛博司令部、中央情报局、国家安全局负责；如果攻击源头在国内，则属于联邦调查局、国土安全部的职权范畴。此举可有效提升政府处理赛博空间紧急事件的能力，同时减少赛博空间管理机构的重复建设。

（三）通过国际合作建立共同应对赛博威胁的机制

美国政府非常重视加强与他国管理机构的交流与合作，2010年，美

国和欧盟初步达成覆盖军、民领域的赛博空间合作战略。2012年，美军和日本、韩国等国军队加强了在赛博空间的合作。2013年，美国与日本政府达成协议，加强两国赛博空间管理机构在赛博威胁信息共享、国际赛博安全政策协调合作、打击关键基础设施赛博威胁等领域的合作。

四、探索赛博空间装备新型采办管理模式

（一）针对赛博空间装备更新换代快的特点优化采办程序

《2011财年国防授权法》针对赛博空间装备的需求急缓程度、重要性、成本、技术复杂性、使用风险等方面，提出“快速程序”和“审慎程序”两种采办程序，并进行进一步的深化论证，调整采办程序，改革相关的决策管理体制以及繁琐的决策审查过程。2012年年底发布的《海军快速采办与部署信息保证和赛博安全能力》，也针对赛博空间系统的不同应用提出了三种采办程序。

（二）升级渐进式采办策略并加强软件升级管理

针对赛博空间装备使用后快速失效、需要不断升级的特点，2011年国防部发布《国防业务系统采办政策》备忘录，采用渐进式采办模式，将每个采办批次划分为多次能力迭代，每个迭代过程实现部分功能并进行测试评估，以尽早发现设计缺陷与漏洞并及时调整。另外，美军将赛博空间的软件升级理解为一种持续的改进，一方面通过软件升级修补现有缺陷，另一方面通过软件版本更新满足新的赛博攻防需求。

（三）透明化投标程序吸引更多创新公司

美军正通过建立更加透明的投标程序等途径吸引更多创新公司参与投标，以加强竞争并提高经费使用效率。美国空军计划在2014财年支出989万美元用于非保密进攻性赛博空间系统的运营保障，5年内推出一个完整的有关赛博战系统后勤保障的后续合同。为此，美国空军将围绕特

定的赛博空间运营业务，公开进行审查分类，以便于公司投标。

（四）通过逐层级审查确保对赛博供应链的管理

为了摸清赛博空间各层级供应链的基本情况，美国开展了针对赛博工业的逐层级审查评估活动。具体实施工作由国防部制造与工业基础政策局下设的评估办公室，以及商务部工业与安全局下设的技术评估办公室负责，同时由各军种、研究机构和咨询公司等提供支撑。通过对赛博空间的主承包商、分包商和低层供应商进行系统的审查和评估，美国政府可找出供应链的薄弱环节、过度依赖国外供货与竞争不充分的环节，指导国防部更好地对赛博供应链进行管理和风险预警，支持国防部监督赛博工业的并购、拆分及制定相关工业基础政策，防止关键能力流失。

（作者：颉靖　乔榕）

美国赛博空间测试评估能力建设研究

目前，赛博空间已成为支撑人类社会政治、经济、军事、文化等各领域活动的基础信息环境，各国为了争夺赛博空间的发展权、主导权和控制权，都在推动本国赛博空间高速、安全地发展。发展赛博空间测试评估能力，推动赛博武器装备发展，则是提升赛博空间战略博弈能力的首要保障。

为确保在全球赛博空间布局中始终占据主导地位，美国强调以技术优势驱动赛博空间总体战略布局，将赛博空间测试评估资源视为国家资源，采取系列措施优先构建赛博空间装备与技术测试评估能力，2013财年美国国防部“联合任务环境试验能力”项目重点加强了赛博空间测试评估能力建设投资，确保其在赛博安全领域的领先优势，其相关做法值得学习和借鉴。

一、美国积极推进赛博空间测试评估能力建设的目的

2011年，美国国防部首次阐述了赛博空间测试评估能力建设愿景：“准确而经济地度量作战系统和国防部信息系统的赛博空间有效性与脆弱性，检验作战人员在赛博空间环境下实现任务目标的能力”。2013年4月，美国国防部在《赛博安全研制测试与评估指南》1.0版中提出发展赛博空间测试评估能力的目的，就是要“在生产和部署军事信息系统或网络前，就发现其赛博漏洞并及时采取补救措施，以减少对武器装备成本、生产进度和性能产生的负面影响”。总体来讲，美国积极推进赛博空间测试评估能力建设主要有以下目的。

一是支持美国未来赛博空间全球战略布局。美国已在互联网领域处于霸权地位，但赛博空间作为全新领域，相关基础理论、基础技术体系

尚不完善，世界其他国家纷纷试图在全球赛博空间新格局进程中抢占先机。为确保在全球未来赛博空间布局中始终占据主导地位，美国强调以技术优势驱动赛博空间总体战略布局，优先构建赛博空间装备与技术测试评估能力，以支持未来赛博空间的理论发展与技术创新，提高战略布局的合理性。

二是增强美军未来跨域体系作战能力。赛博作战超越了传统的作战界限，不仅将陆、海、空、天紧密联系在一起，而且呈现了多种新型作战模式，是基于信息系统的跨域体系作战。发展赛博武器装备的根本目标是体系破击，通过对信息基础设施的攻击和破坏，使敌方的体系陷于瘫痪。随着赛博武器装备和技术水平的不断发展，对赛博对抗技术和装备作战效能的测试评估成为各方面临的紧迫任务。通过构建逼真赛博对抗环境，可对赛博装备、技术性能和作战能力开展定性定量评估，引导未来赛博装备发展，增强未来赛博作战和跨域体系作战能力。

三是提供新型的赛博业务体系测试评估手段。传统的电子靶场和相关信息技术实验室在测试评估的安全性、自动化与标准化等方面存在明显局限性，如缺乏多级安全试验能力、缺乏参数自动化快速配置能力、缺乏标准化的测试语言与工具等。未来，随着分布式、大规模信息基础设施和赛博武器装备的大量出现，对其开展有效测试评估的难度将呈几何级数增加，发展新型赛博测试评估能力能够有效解决这一难题。

二、美国赛博空间测试评估能力建设现状

美国虽已建成大量电子靶场、网络与通信实验室、信息安全实验室，但是仍无法满足赛博空间环境下的测试评估需求，需要建设新型测试评估能力。

美国经过多年探索逐渐形成“政府主导、军民联建”模式。政府积极出台战略规划，同时统筹三军、企业、高校等多方力量，充分发挥各自优势推进能力建设。2002 年起，白宫每年都会发布《网络与信息技术

研究与开发计划》，引导赛博空间测试评估基础设施建设；2012 年，美国海军、空军相继发布《海军赛博靶场政策指南》、《空军 2025 年赛博空间愿景》，制定各自在赛博空间测试评估能力领域的未来发展规划。国家科学基金会、国土安全部、财政部、国防先期研究计划局、陆军、海军等多家政府机构联合出资，并参与管理赛博测试评估资源建设，如“国防科技实验研究测试平台”、“抵御赛博威胁的国防基础设施防御库”、“威斯康星先进互联网实验室”及“国家赛博靶场”等。

美国已在较短时间内初步建成“新老结合、高低搭配、具备一定互操作能力”的赛博空间测试评估基础设施。既保留了使用传统技术的系统集成实验室、硬件环路测试实验室等，又建成了集成最新技术的“国家赛博靶场”、“国防部信息保障靶场”、“联合信息作战靶场”；赛博空间测试评估活动既依靠国家级的大型靶场，也配合使用波音公司的“便携式赛博靶场”等商用现货；新建成基础设施的互操作性较强，2012 年，国防部建成“信息保障靶场”，既能单独使用，也能与各作战司令部、兵种部使用的其他中小型靶场实现互操作。

最具代表性的赛博空间测试评估基础设施是“国家赛博靶场”，该靶场始建于 2008 年，总投资 1.3 亿美元，由国会直接下达，并由国防先期研究计划局牵头建造，分 4 个阶段实施。第一阶段设计靶场概念，制定使用方案；第二阶段设计和验证靶场技术，构建和验证原型靶场及其试验能力，并向用户移交原型靶场；第三阶段建设相关基础设施，开展靶场管理、试验管理和评估；第四阶段最终建成国家赛博靶场，投入使用。目前靶场建设正处于第三阶段，在“国家赛博靶场”建设过程中，美国政府一直致力于提供全面的政策和资金支持，通过加强在研发、教育与超时代技术上的投入来形成良好的发展环境，并不断鼓励民间力量参与其中，目前已有超过 60 家科研机构、企业和院校共同参与靶场建设。

美国赛博空间测试评估能力水平目前领先于世界其他国家。在测试评估范围方面，既可精确评估军事信息系统与网络（如封闭作战网络、战术通信网络、全球信息栅格等）和民用复杂异构网络及工业控制系统

（互联网、电信网、交通网、能源网等）的可恢复性和灵活性，还能测试评估各种赛博攻防武器的对抗水平和操作系统、网络协议、内核等关键软硬件的安全性，2012 年，美国“国家赛博靶场”的原型靶场已完成了模拟 3000 个国防部节点的规模性测试。在测试评估标准化方面，已具有标准化的测试评估语言、试验管理平台、互操作中间件，可并行开展不同安全等级的测试，基础设施间具备一定的互操作性。

美国在赛博空间测试评估能力建设过程中仍然存在诸多问题。2013 年 7 月，美国国防部公布 2012 年《测试评估基础设施全面审查报告》，将赛博测试评估基础设施建设水平列为重要审查内容，从红蓝环境、典型威胁、仪器、安全保密、方法和指标、人才队伍、宏观管理和政策等方面出发，对赛博测试评估基础设施进行了深入调查和评估后认为，美国目前还存在以下问题：

一是赛博测试评估资源不足，随着信息技术的快速发展和赛博威胁的不断增加，未来美国很可能出现更大的资源缺口；二是政府还不能有效预测投资所能带来的预期成果，因此很难制定一个完善的投资模式；三是还缺乏高性价比的测试评估工具和服务，同时对赛博空间红、蓝环境建设领域的投资不平衡；四是对基础设施建设领域的投资存在浪费，应继续探索可进一步节约投资的措施，如使用商用现货、充分利用早期投资等。

三、美国强化赛博空间测试评估能力建设的主要做法

为解决赛博空间测试评估能力建设过程中出现的种种问题，美国重点从以下五个方面强化能力建设。

统筹管理测试评估资源。美国将赛博空间测试评估资源交由国防部试验资源管理中心统一管理，以确保投资稳定，避免赛博空间测试评估能力重复建设，提高赛博空间测试评估资源利用率。2013 财年，试验资源管理中心正式从国防高级研究计划局接管了“国家赛博靶场”的管理

权，标志着“国家赛博靶场”将作为国家资源由试验资源管理中心统筹管理，其资源利用率将得到有效提升。

采用“以老促新、以新哺老”模式开展基础设施建设。美国充分挖掘三军和国防信息系统局已有基础设施在技术、资源方面的优势，为新型基础设施建设提供支撑，以缩短建设周期，提高建设质量；同时，积极发挥新型基础设施的技术反哺作用，对已有基础设施进行新技术改造，提高其在赛博空间环境下的互操作性与测试评估能力。2013财年，美国在赛博试验与评估基础设施建设方面主要完成了以下建设任务：国家赛博靶场的运行与维护；与作战测试评估办公室、威胁系统管理办公室、联合信息战靶场建立伙伴关系，建立区域服务交付点和赛博测试评估保障单元，以满足国防部对赛博测试与训练的性能和容量需求，缓解赛博测试评估基础设施的互操作性差距。

启动大量与推动赛博测试评估能力建设相关的项目。“联合任务环境试验能力”、“赛博安全倡议”、“作战测试评估”、“赛博安全先进技术开发”、“信息作战能力支持”等项目群，在2013财年均开展了与赛博空间测试评估相关的研究，其中，“作战测试评估”项目已在作战司令部与服务演习中开展了约25次评估，全面评估了作战人员对赛博攻击的反应，同时评估了典型赛博威胁环境中的互操作性和任务完成情况。

加强赛博专业人才培养工作。美国空军将赛博教育纳入其《基本军事培训和专业军事教育课程》，为赛博作战操作人员制定了综合性任务认证培训课程，并集合专业技术人才集中打造赛博作战战术、技巧和程序。2013年1月，美国空军发布《空军2025年赛博空间愿景》，将赛博人才培养作为加强任务保障领域建设的主要举措，提出了发展一支空军赛博精英专家骨干队伍、制定一份最新的人才发展路线图、强行制定赛博作战人员最新学位和最低教育要求等建议。美国海军陆战队要求对新征募的赛博作战人员进行为期2年的培训，采取整体网络施训和联合网络施训两种方式。

重视软硬件研发领域的标准化工作。美国“国家赛博靶场”在建设过程中，重点开发了标准化的测试语言、数据库、测试资源。其中，赛博科学测试语言（CSTL）能够用于描述实验设计、实验模板、待测试网络、测试计划、执行细节和数据分析，测试规范和报告通过赛博科学测试语言的规范化表达方便了知识管理和结果分析，资源描述规范则定义了在赛博实验中的硬件和软件资源。2013 财年，试验资源管理中心已建立区域服务交付点和赛博测试评估保障单元等标准化中间件，缓解赛博测试评估基础设施间的互操作性问题。

（作者：颉靖　乔榕）

朝鲜遭受赛博攻击事件分析

据朝鲜中央通讯社（朝中社）2013 年 3 月 15 日报道，近日，朝鲜多处互联网服务器遭受持续而密集的病毒攻击。朝鲜官方网站遭受攻击并出现短暂瘫痪，朝鲜宽带上网和手机上网也出现问题，相关服务甚至一度中断。朝鲜政府将此次赛博攻击事件归咎于美国和韩国。

一、攻击事件背景

此次朝鲜遭受赛博攻击的事件，发生于特殊政治背景下。首先，朝鲜于 2 月 12 日进行了第三次核试验，朝鲜核问题升级，联合国安理会通过对朝制裁决议，并迅速启动对朝新一轮制裁；其次，美国与韩国于 3 月 11 日启动代号为“关键决断”的联合军演，军演时间与此次朝鲜遭受攻击的时间重叠；最后，朝鲜政府 3 月初威胁称可能进行“先发制人的核攻击”，并于 3 月 5 日单方面宣布《朝鲜停战协定》于 11 日起失效，同时宣布朝鲜人民军进入全面备战状态。

二、攻击情况

（一）攻击范围

此次赛博攻击始于 3 月 13 日 9 时，攻击的主要范围包括：一是朝鲜国家新闻媒体机构，如朝中社和官方《劳动新闻》网站等；二是电信公司和互联网服务供应商，如高丽电信公司和“星”公司等。

（二）攻击特点

此次朝鲜遭受的赛博攻击，主要表现出以下特点：一是攻击目标具有针对性。此次赛博攻击的主要目标是新闻媒体机构的网络服务器。二是攻击具有持续性和密集性。整个赛博攻击过程持续了两天，朝方特定的网络服务器同时遭到密集的赛博攻击，多家网站一度瘫痪长达两天。三是以病毒作为攻击手段。朝中社 15 日发表评论说，朝鲜多处网络服务器连日来受到了来自境外的病毒攻击。

（三）攻击影响

朝鲜大量网站同时出现了不明原因的拒绝服务现象，许多网站被迫关闭，直到 14 日夜间才逐渐恢复正常，但仍有一些网站无法浏览。据称，朝鲜网站经常出现几小时或一整天的访问故障，但是大量网站同时出现访问故障尚属首次。

朝鲜宽带上网和手机上网服务也出现故障。朝鲜负责宽带上网业务的“星”公司方面表示，他们提供的互联网服务因受到赛博攻击的影响而出现中断。负责手机上网业务的高丽电信公司方面也向用户群发信息，称其手机数据业务遇到问题，手机上网服务被迫中断。

三、朝方态度

朝鲜政府认为，美国和韩国是此次赛博攻击事件的幕后黑手，并称这两国正在大规模培养赛博部队，试图加剧对朝鲜的破坏和颠覆活动。朝鲜宽带互联网服务提供商洛士利太平洋有限公司已针对此次赛博攻击事件展开调查。

朝中社 3 月 15 日发表评论文章称，朝鲜近日出现网络联机不稳定状态，是因为受到“敌对势力卑鄙的赛博攻击”，文章还称，“赛博攻击是敌对势力煽动和策划反共和国行径的一部分，对此我们绝不会袖手旁观。”文章最后警告称，此次赛博攻击已达到“非常严重阶段”，美国及其盟友“必须对后果承担全部责任”。

15 日下午，朝鲜部队在训练中，向日本海公海上空试射两枚 KN-02

短程导弹。17日，朝鲜祖国统一民主主义战线中央委员会发表了《告全体朝鲜同胞呼吁书》，称美国近期的接连“挑衅”令朝鲜半岛处在战争边缘，呼吁全体朝鲜同胞一致投入抗战。

四、各方反应

（一）美国拒绝评论

美国政府拒绝就此次赛博攻击事件发表评论。同时，美国近期已接连采取多项针对朝鲜的措施：一是美国日前宣布放弃欧洲反导系统的第四阶段部署计划，以腾出更多精力应对来自朝鲜的日益增长的导弹袭击威胁；二是美国财政部副部长大卫·科恩于19日访韩，就共同应对朝鲜紧张局势和进一步对朝经济制裁进行磋商；三是美国朝鲜问题特别代表格林·戴维斯于19日和20日访俄，就趋于尖锐化的朝鲜半岛局势展开研究。

（二）韩国驳斥指控

韩国政府驳斥了朝鲜的指控。另据韩联社报道称，早在2009年和2011年，韩国曾遭受过两次赛博入侵，并指责朝鲜是这两次赛博入侵的幕后黑手。此后，官方对韩国在赛博袭击面前的脆弱性十分担忧，于2010年年初成立了专门的赛博司令部，并在2012年与高丽大学联手建立了一所赛博战学校，每年招收30名学生。

18日，韩国国防部长官金宽镇与到访的美国国防部副部长卡特举行会谈，双方就近日朝鲜的挑衅言行交换了意见，并称韩美同盟目前正处于十分重要的时期，双方有必要向外界传达“韩美同盟十分强大而稳固”的信息。

（三）其他国家高度关注

其他国家对此次赛博攻击事件高度关注，并纷纷予以报道。俄罗斯俄通社-塔斯社 13 日发自平壤的报道称，朝鲜多个网站遭受境外黑客攻击而相机关闭；英国路透社 15 日报道称，朝鲜指责美国对其互联网服务器发动赛博攻击，其主要新闻媒体机构连接网络受阻；法国法新社 15 日发自首尔的报道称，朝鲜 15 日指责美国和韩国近日对本国官方网站实施持续而密集的赛博攻击。

（作者：颉靖）

《2020年美国海军赛博力量》评析

随着赛博空间作用与地位的不断上升，美国海军赛博空间面临着越来越多的威胁与挑战，亟须采取新举措予以应对，迫切需要能够有效推进赛博空间能力建设的指导性文件。为此，2012年11月，美国负责信息优势的海军作战部副部长肯德尔·卡德及舰队赛博司令部司令官兼第十舰队司令官迈克尔·罗杰斯共同签署了《2020年美国海军赛博力量》（以下简称《赛博力量》），用以指导海军赛博空间能力建设。《赛博力量》包括“引言”、“战略评估”、“前方之路”和“结束语”四部分，重点包括以下内容。

一、评估了海军赛博空间面临的威胁

《赛博力量》认为，海军赛博空间面临的威胁来自各种国家和非国家对手，如恐怖组织、黑客或黑客组织等。攻击方式主要包括通信干扰、拒绝服务、根/用户级入侵、关键信息基础设施持续性赛博攻击等。

二、分析了赛博空间发展趋势及影响

未来10年，赛博空间将出现以下发展趋势：一是工业界作为创新主体，将加速赛博空间创新步伐；二是各军用网络将进一步整合并实现标准化，从而减少漏洞数量，降低赛博风险；三是信息技术供应链日益全球化将为对手植入威胁或刺探系统提供更多的机会；四是随着海军重要舰载/机载系统数量的增加和网络化程度的提高，将增加海军资源配置管理难度，为对手发动赛博攻击提供更多机会。

三、提出了海军赛博空间行动构想、实现路径与具体计划

《赛博力量》提出了海军赛博空间行动构想，通过实现“确保访问赛博空间和可信的指挥控制”、“防止赛博空间出现战略突袭”和“赢得赛博作战优势”三个目标，为海军和联合部队指挥官提供行动优势。同时，《赛博力量》指出，为确保成功实现这一行动构想，需制定贯穿四个重点领域的综合性方案。

在“一体化行动”领域，要实现海军赛博空间行动的全面集成，支持联合部队目标实现。具体计划包括：确定并编纂战术、战役与战略层面指挥官所需赛博信息的关键要素，以满足决策需求；全面推进海军和联合部队作战概念及作战计划，充分运用各种赛博能力；将赛博需求全面纳入海军舰队战斗演习及舰队战备训练计划的各阶段，对海军赛博行动进行全方位演习，促使赛博空间行动成为海上作战行动的有机组成部分。

在“赛博人力”领域，要通过有效的人员招募、培训和部署，推动海军和联合部队赛博空间行动能力。具体计划包括：建立能够满足作战需求的海军兵力培养机制，与不断变化的联合部队指挥官需求保持同步；通过交流、培训、激励、执行政策及有效治理等手段，推动海军文化变革，克服妨碍赛博能力全面集成的文化障碍；制定全面的赛博培训和教育机制，强化海军赛博知识，以迅速适应工业进步及联合指挥官需求的不断变化。

在“技术创新”领域，要发挥工业界、学术界、盟军和联军伙伴的优势，快速升级海军赛博空间能力，以领先于面临的威胁。具体计划包括：对赛博信息进行“关联”和“评估”，及时将与作战关联的赛博信息融入海军和联合部队指挥官作战图中，以提供赛博态势感知支撑；在联合赛博建模、仿真和分析中取得领导地位，以确保海军所特有的能力能

够完全集成到联军作战能力之中；积极寻求、测试和评估新兴赛博技术，以确保有影响力的新兴赛博技术能够迅速应用。

在“规划、计划、预算与执行及采办改革”领域，要增加赛博预算，加强采办，以满足海军赛博空间行动需求。具体计划包括：建立相关流程，对赛博空间作战需求进行布局和集成，确保海军内部能够进行高效的资源配置管理；在海军预算中列支赛博资金，支撑近期升级改造。

《赛博力量》虽刚刚发布，但随着计划的落实，将产生以下积极影响：将有助于向海军提供具有深度防御能力的安全网络，为赛博行动做准备；将有利于海军建立和维持一支专业队伍，能够有效遂行赛博行动，支持海军和联合部队指挥官实现作战目标；将有利于充分发挥海军、工业界、学术界、盟军及联军伙伴的技术创新优势，提升赛博行动能力；将有利于构建适用于赛博空间的预算及采办流程。

（作者：宋潇　颉靖　严丽娜）

《欧盟赛博安全战略》评析

随着信息通信技术的发展，欧盟及其成员国在赛博安全方面面临的威胁和挑战与日俱增，亟须从欧盟层面制定统一的赛博安全战略。为此，2013 年 2 月，欧洲议会、理事会、经济和社会委员会及地区委员会联名发布了《欧盟赛博安全战略》（以下简称《战略》），用以指导欧盟各国赛博空间发展。

一、明确战略重点及拟开展的行动

（一）构建弹性网络

构建弹性网络的目的是要使网络拥有事先预防、及时发现和迅速处理赛博安全事件的能力。《战略》要求各成员国组建国家赛博与信息安全主管部门，成立功能完善的计算机安全应急响应小组；要求各成员国建立能够协同工作的预防、检测、缓解和应对机制，以实现国家赛博与信息安全主管部门的信息共享和相互援助；要求企业从技术层面上发展弹性网络能力，企业间要对发展过程中的一些好的做法开展共享；由欧盟组织各成员国开展赛博事件演习。

（二）减少赛博犯罪

为打击赛博犯罪，《战略》指出，应加强立法，加大欧盟层面的协调与合作。欧洲赛博犯罪中心被确定为欧洲打击赛博犯罪的重点机构，负责情报支撑并确定优先处理事项。欧盟还将提供资金，支持学术机构、执法人员和企业间的合作，共同探索打击赛博犯罪的最佳方法和技术。

（三）发展赛博防御能力

《战略》指出，欧盟应加强与各成员国和欧洲防务局的合作，提高各成员国对复杂赛博威胁的探测、响应能力，以及遭受攻击后的恢复能力，其重点包括：一是评估欧盟赛博防御作战需求，包括理论学说、组织领导、人员培训、技术支持、基础设施、后勤保障以及互操作性；二是发展欧盟赛博防御政策框架，如动态风险管理、改进威胁分析和信息共享等；三是在欧盟开展跨国军队赛博防御演习；四是促进欧盟军民参与者之间的交流与协调；五是加强与北约、其他国际组织及跨国公司的合作。

（四）利用产业和技术资源

在赛博安全产品市场方面，计划启动赛博与信息安全解决方案的政企平台，并制定激励机制；要求政府和企业共同制定以产业为主导的安全标准、技术规范和隐私原则，并邀请国际和欧洲标准化机构与欧洲委员会联合研究中心，共同制定技术建议。

在促进研发投资和创新方面，欧洲委员会将启动“地平线2020”框架计划，解决从研发到应用的技术问题；要求各成员国在2013年年底前拟定更完善的采购方案，以鼓励高安全性ICT产品的开发与应用；要求欧洲刑警组织和欧洲网络与信息安全局把握新趋势和新需求，开发相应的数字取证工具；鼓励政府、企业与保险业合作，降低企业投资赛博安全领域的风险。

（五）制定欧盟统一政策

《战略》指出，欧洲委员会和各成员国应制定连续性的欧盟国际赛博空间政策，旨在将赛博空间提升为一个尊重自由和基本权利的领域。欧盟将寻求与欧洲理事会、经济合作与发展组织、联合国、欧安组织、北约、非盟、东盟和美洲国家组织等组织合作，支持建立统一的行为准则和赛博安全的信任措施。

二、强调各机构间应加强合作与信息共享

《战略》从三个层面强调信息安全、执法和国防等相关机构应在赛博

安全事务中加强合作。

一是国家层面。各国赛博和信息安全主管部门、计算机安全应急响应小组、国家赛博犯罪机构、国防与安全部门应通力合作，并加强与私营部门的信息共享，更好地了解赛博攻防领域新趋势与新技术。

二是欧盟层面。欧洲委员会、欧洲网络与信息安全局、欧洲打击赛博犯罪中心应在趋势分析、风险评估、技能培训等领域加强沟通与合作；欧洲打击赛博犯罪中心应与欧洲警察学院、欧洲刑警组织、欧洲网络与信息安全局及各成员国分享经验并开展合作；欧洲委员会应通过各国赛博和信息安全主管部门网络，建立一个合作框架，处理与执法部门间共享的信息。

三是国际层面。欧洲委员会和各会员国，将与欧洲理事会、经济合作与发展组织、欧洲安全与合作组织、北约和联合国等国际组织开展对话，推进欧盟赛博空间核心价值观，促进和平利用赛博技术。

（作者：颉靖）

“棱镜”事件研究

2013年国外信息安全与保密发展综述

随着网络技术的飞速发展，信息的地位不断提升，信息安全保密越来越受到重视，已上升为国家安全的战略性问题。2013年披露的"棱镜"事件触动了全世界的神经，"信息安全"、"网络安全"、"保密"等问题被提升到前所未有的新高度。美国借助其在网络和信息技术领域的绝对控制权，构筑起了强大的网络情报获取和控制系统，其监听范围几乎遍及全世界所有国家和地区。在此背景下，各国政府努力通过完善政策法规、成立专门机构、加强人员管理、研发先进技术等方式，强化安全保密管控工作，以提升其网络与信息安全的防御能力。

回顾2013年，国外信息安全与保密领域的发展呈现如下特点。

一、发布国家安全顶层文件，推进网络与信息安全战略部署

2013年，英国、法国、日本、印度等国相继发布国家安全战略顶层文件，进一步加强网络与信息安全战略部署。与此同时，欧盟也首次出台立足欧盟整体层面的网络空间安全战略，各国在不断加强自身网络安全的同时，正在努力构建欧盟内部共同的网络安全防御体系。

1. 欧盟发布《网络空间安全战略》

《网络空间安全战略》是欧盟首次立足欧盟整体层面出台的网络空间安全战略。该战略以促进欧盟核心价值发展、确保欧盟数字化经济安全增长为主要目的，就欧盟如何更好地预防和应对网络攻击提出了五点构想：一是提升网络恢复能力；二是大幅减少网络犯罪；三是在欧盟共同安全与防务政策的框架下制定网络防御政策，并发展防御能力；四是开发网络安全方面的工业和技术资源；五是制定统一的欧盟国际网络空

间政策，并提升欧盟的核心价值。同时，为保证欧盟能够对突发网络安全事件做出最有效的响应，该战略还明确了欧盟各成员国和相关机构在网络安全事务中的职责。

2．英国发布《国防与网络安全》和《网络空间安全战略：回顾与展望》

《国防与网络安全》强调，网络空间对英国国防部至关重要，指出英国国防部未来要重点保护的网络、可利用的资源和待提升的能力，同时分析了网络空间可能采取的军事行动，明确了英国与北约等联盟组织的关系，并给出了网络空间军事行动所需的资源和技术支持，为英国国防部网络空间的管理和应用提供了指南。《网络空间安全战略：回顾与展望》对2011年发布的《网络空间安全战略》进行评估，并提出英国在网络安全领域的最新进展和未来计划。

3．法国发布《国防与国家安全白皮书》

《国防与国家安全白皮书》明确了2014—2019年国防和国家安全战略，将网络安全列为未来工作重点之一。指出网络安全已成为法国亟待解决的问题之一，白皮书认为，法国应重点关注针对系统的蓄意攻击及重要信息基础设施面临的网络安全威胁。应从网络防御和网络攻击两方面加强网络安全能力，并努力具备独立生产安全系统的能力，特别是密码系统和攻击检测系统。

4．日本发布《网络安全战略》和《防卫白皮书》

《网络安全战略》正式将“网络安全立国”列为国家战略，明确了日本各机构在网络安全事务中的职责和应采取的措施，并提出在2015年前，应提高政府部门和关键基础设施领域网络攻击信息共享机制的覆盖率，增加计算机安全事件响应小组的数量，降低恶意软件感染率，在应对国际性信息安全事故时可合作的国家的数量增加30%。《防卫白皮书》则突出强调了日本所面临的网络安全威胁，将网络空间威胁程度置于大规模杀伤性武器之上，针对政府、军队信息通信网络和关键基础设施等的网络攻击，将对国家安全造成重大影响。

5. 印度发布《2013 国家网络安全政策》

《2013 国家网络安全政策》提出了印度网络空间的愿景、使命、目标及具体措施。为实现其网络安全愿景和目标，印度提出了 14 个方面的具体措施：创建安全网络生态系统，制定保障框架，构建监管框架，建立安全威胁早期预警机制、漏洞管理机制及安全威胁响应机制，创建国家关键信息基础设施保护中心，并保障其正常运行，保障电子政务服务安全，保护关键信息基础设施，促进网络安全研发，降低供应链风险，开发人力资源，树立网络安全意识，发展有效的公私伙伴关系，加强信息共享与合作，实施优先处理方法。

二、成立专门机构，提升网络安全和保密能力

2013 年，美国、英国、日本、以色列、新加坡等国先后成立专门机构，加强并完善网络安全保密能力建设。其中，美国大规模扩编全球网络作战部队，提升并巩固其优势力量，增设跨部门定密审查委员会，改革安全定密系统。日本改革举措频频，设立国家安全保障委员会和组建网络安全防卫队，以维护国家安全，提升安全防御能力。英国、以色列、新加坡等相继成立网络空间作战司令部或网络安全中心，注重网络与信息安全威胁问题。

1. 美国

美国继续加强网络与信息安全力量建设，其网络司令部人数由 937 人扩编到 4900 人，新增了“国家任务部队”、“作战任务部队”和“网络安全部队”三个部门。2013 年美国新增了 40 支网络战部队，在全球范围内实施网络攻击，其中 13 支是负责开发网络战武器的进攻性部队，另外 27 支部队主要是保护国防部的计算机系统和数据。12 月，白宫发布的《开放式政府国家行动计划》中明确提出要改革安全定密系统，要在确保国家安全的前提下开展定密工作。为此，拟在白宫内增设跨部门定

密审查委员会。具体评估定密改革方案，并协调落实。

2. 英国

英国成立全球网络安全中心，旨在为政府提供有效的网络空间安全建议。该中心设在牛津大学马丁学院，政府每年为其拨款50万英镑。

3. 日本

日本设立国家安全保障委员会。11月，日本众议院和参议院相继通过了关于成立“国家安全保障委员会”的法案，该委员会每月召开两次左右的日本首相、官房长官、外务大臣和防务大臣的“四大臣会晤”，主要讨论：对华关系、驻日美军整编、朝鲜“核与导弹”开发、领土问题等。此外，日本还将在内阁官房下面设立“国家安全保障局”，作为该委员会的具体执行机构。据日本共同社的报道，日本国家安全保障局的基本组织架构已确立，将下设“战略”、“情报”、“综合”、“同盟友好国”、“中国朝鲜”和“其他地区”六大部门，其规模约为60人。除此之外，日本还将组建网络安全防卫队，以加强网络安全防御能力。防卫队有可能于2014年3月正式组建，届时其将成为日本网络攻防的核心力量。

4. 以色列

以色列成立了负责网络空间作战的司令部和网络防御控制中心，以应对迅速变化的全球网络攻击威胁。该司令部拥有先进的监控和作战能力，可联合情报部门和信息化部门共同防御网络攻击。

5. 新加坡

新加坡成立网络空间防御中心，以提升其网络防御能力，确保军方及重要基础设施网络系统的安全。该中心将全天候运转，具体负责扫描、确认、控制及消除出现的网络威胁，并对网络系统进行迅速修复。该中心将与新加坡信息通信技术安全局进行合作，以实时了解网络安全领域的前沿信息，并联合政府、军方或民间组织共同应对可能发生的威胁。此外，新加坡政府还计划成立一个专门机构，负责大批量培养网络安全专业人员。

三、推进关键基础设施保护工作，提升安全防御能力

2013 年，关键基础设施安全保护成为各国关注焦点。美国出台了一系列举措推进关键基础设施保护工作，试图从多个方面提升其关键基础设施安全性和恢复力。英国、澳大利亚等国也以"国家安全"为由，限制华为、中兴等我国 IT 企业参与电信、网络基础设施建设，同时限制关键领域、重要行业采购或使用我国 IT 产品。

1. 美国出台系列文件加强关键基础设施保护

2013 年 2 月，美国总统签署第 13636 号行政令《加强关键基础设施网络安全》和第 21 号总统令《关键基础设施安全性及恢复力》，旨在通过增强信息共享，与各行业界联合制定并实施网络安全实践框架，加强关键基础设施的网络安全。根据这两项指令要求，美国国家标准技术研究院组织开展网络安全框架制定工作，现已形成了国家网络安全初步框架。该框架界定了关键基础设施 5 项网络安全核心功能——识别、保护、检测、响应和恢复，并就每项功能的具体活动及其标准进行了界定与描述，通过使用网络安全风险管理概念，分级分类地对风险进行管理。而国土安全部则开展了国家基础设施保护计划的修订工作，旨在帮助运营商评估和分析关键基础设施系统面临的威胁，并采取最佳的保护措施。

2. 美国、澳大利亚和英国等国在关键领域限制采购中国 IT 产品

2013 年 3 月，美国总统签署《2013 年合并与进一步持续拨款法案》，限制美国关键基础设施部门采购我国生产或组装的 IT 系统。6 月，英国情报和安全委员会发布《外国介入国家关键基础设施对国家安全影响》，认为华为参与英国国家关键基础设施建设存在安全隐患。7 月，英国国家通信总局、军情五处和六处颁布禁令，严禁其涉密网络采购联想公司的产品。10 月，澳大利亚政府宣布继续维持对华为公司的禁令，禁止华为参与建设澳大利亚高速宽带网络。

四、加强人员安全管理，提高安全保密管控力度

“棱镜”事件体现出美国在网络与信息安全领域控制权的同时，也反映出美国在人员安全保密管理方面存在的巨大漏洞，亟须全面审查机构内部的安全保密机制，强化安全保密管控力度，以遏制机构内部人员和国防部承包商等的泄密行为。

6月，美国国家情报总监办公室下辖的国家反间谍执行办公室牵头设立内部调查机制，对“线人”安全和情报获取渠道开展安全评估，全面审查NSA和CIA等机构的安全保密机制。8月，美国国家情报总监办公室颁布了新版《涉密信息保密协议》，规定任何未经授权就擅自披露涉密信息并对美国造成危害或无可挽回的损失的行为，都将受到法律制裁。所有需要访问涉密信息的人员，无论其从事的工作是否与情报相关，都需要签署保密协议。NSA采取更改密码等措施，对重要数据访问和传输进行严格监督。同时，美国还加强对国防承包商和私人雇员的审查和监管，改进评估标准，缩短承包时间。

五、加强信息管理，防止信息泄露

为应对不断出现的信息安全事件，弥补信息管理体制和监控流程中的漏洞，美国政府相继发布了多项信息安全指令、标准和相关文件，规范并加强信息管理，保护政府部门和关键基础设施的信息系统安全。

1. 美国国会对联邦信息安全管理法案进行修订

《2013 联邦信息安全修正案》明确了联邦政府以及其他机构、合同商等为联邦机构提供的信息和信息系统均受其保护。该法案要求联邦机构提供与各机构所面临风险及其危害程度相当的信息安全保护措施，如实施信息安全计划、定期开展测试评估、制定业务连续性计划和流程、开展年度独立评估、进行信息安全培训，以及强制贯彻政府信息安全相

关标准。该法案明确了由美国管理和预算办公室负责监督各联邦机构信息安全政策与实践活动，由国家标准技术研究院负责制定适用于联邦信息系统的安全标准和指南，加强各部门的协同合作。

2．美国国防部不断加强对涉密信息和非密受控信息的安全管理

2013 年 2 月，美国国防部出台针对机密信息特殊访问流程的新指令，对特殊访问流程的管理、运行和监督进行规范并将特殊访问流程分为四个等级，对获得特殊访问权限的人员进行了严格限定，并分别对个人持有有效的安全许可、通过必要的安全认证、符合个人审批的先决条件等进行了规定。4 月，美国国防部发布第 7050.03 号命令，授权国防部总监察长可不受限制地访问涉密信息，加大了对国防部涉密项目及保密系统进行内部监督的力度。11 月，美国国防部对《联邦采办条例国防部补充条例》进行修正，要求国防承包商严格按照信息安全标准构建其非密网络，并及时上报所遭受的网络入侵事件，以加强对国防承包商的非密受控技术信息的保护。目前，国防承包商所掌握的涉及国防系统需求、作战概念、技术、设计、工程、生产和制造能力等非密技术数据，已成为网络犯罪分子窃取的重要目标之一，美国政府认为建立非密网络的信息安全标准是保护这些重要信息的必要措施。

3．美国国家标准技术研究院进一步规范信息系统的安全标准

2013 年 4 月，美国国家标准技术研究院发布的第四版《联邦信息系统和组织的安全与隐私控制》，全面更新了对于非密政府信息系统的安全控制要求，新增了移动互联网、云计算、应用软件安全、内部人员威胁和高级持续性威胁等领域的安全控制要求。7 月，该研究院发布的第二版《云计算标准路线图》，对信息的移动性、互通性和安全性标准进行了更新。

六、重视安全保密技术研发，确保信息安全传输

随着信息化建设的不断推进，新技术以“摩尔定律”滚动发展，在不断提高信息获取、处理、流通、交换效率的同时，信息安全环境日益

复杂，信息和数据泄露事件多发。为此，美国、英国、日本、俄罗斯等国高度重视安全保密技术研发。2013 年，多国积极推进加密技术研究，开发出诸多的加密设备和安全方案系统等，使信息传输的可靠性、安全性和准确性得到不断提升。

1. 重要加密技术取得突破进展

2013 年 9 月，日本东芝公司推出新型量子密钥分配技术。这种新型的加密技术主要依赖于经过特殊偏振的光量子流进行加密，可提供更为安全的通信连接，比现有加密方法更实用，成本更低，并可检测第三方窃听。11 月，日本 NEC 公司开发出世界首例可在加密状态下直接处理关系型数据库的数据隐匿计算技术。该技术能够直接处理加密数据，无须任何解密处理，可有效防止数据库管理员盗取数据，以及因数据库管理员权限被盗而发生的信息泄露。

2. 多种加密设备和安全方案系统被相继推出

1 月，美国通用动力公司推出新型加密设备，能够对深入到“信息包”的潜在威胁软件代码进行检测并预警，且具有更强的路由能力，以确保军方或政府机构的涉密信息安全传输。美国柯林斯公司推出军民两用型网络管理安全软件，可通过统一视图管理不同的系统，可自动执行复杂任务，无须独立的专有网络管理系统，简化了操作，并增强了网络系统的安全性。4 月，瑞典 Sectra 公司推出新型安全移动手机“虎式”7401，以加强国内和欧盟范围内的涉密信息通信安全。

1 月，俄罗斯联邦安全局开发出应对网络攻击的侦察响应系统，能够有效地侦察、防御和缓解针对俄联邦信息资源的网络攻击。5 月，英国 RFEL 公司推出“光环”实时视频处理系统，可在光线不佳的条件下，提供高品质、高帧频和高清视频，适用于反恐、国防及安全领域的图像监控。9 月，美国雷神公司推出 Suite B 加密算法跨域解决方案，可从单一设备上访问不同涉密级别的多种涉密或敏感网络，以满足美国及其他北约国家的政府、情报界、民营企业及机构的敏感信息安全访问和传输。

11 月，美国洛马公司开发出可在绝密和非密域之间实现数据安全共享的“可信哨兵”解决方案，可使不同安全域间的情报数据安全流动，并能有效阻止网络恶意代码的破坏。

七、网络攻击与泄密事件频发，信息安全受到严重威胁

2013 年，政府网站和信息系统依然是黑客的重点攻击对象，网站遭入侵、信息被窃取事件频发，政府信息安全形势依然严峻。此外，随着新技术、新应用的不断发展，政府信息安全也面临着新的威胁，这愈发加重了信息安全形势。

1.“红色十月”病毒可开展大规模全球间谍活动

1 月，卡巴斯基实验室发现一种名为“红色十月”的病毒，该病毒是一种恶意间谍软件，各国外交使馆、政府和科研机构是其主要攻击目标，已攻击了至少 39 个国家，目前受攻击最多的 3 个国家分别是瑞士、哈萨克斯坦和希腊。该病毒具有以下特征：一是利用微软公司 3 个已知漏洞，窃取目标计算机中的 Word、PDF 和某些特定加密格式的文件，甚至还能恢复已被删除的文件；二是架构独特，其命令与控制服务器有一系列的代理服务器，能够很好地隐藏真实的主控制服务器，被删除后，还能通过预留通道重新获得对受感染计算机的控制；三是攻击范围大，手段多样，不但能攻击工作站这样的传统目标，还能窃取智能手机、移动存储设备、网络设备中的数据；四是可根据目标机构中特定人员的情报，进行定制化信息的“钓鱼”；五是并不破坏硬件和基础设备，只窃取敏感信息。

2. 朝鲜遭受密集持续性网络病毒攻击

3 月，朝鲜多处互联网服务器遭受密集、持续的病毒攻击。攻击主要对象包括朝鲜国家新闻媒体机构，如朝中社和官方《劳动新闻》网站等，以及电信公司和互联网服务供应商，如高丽电信公司和“星”公司等。攻击导致朝鲜大量网站同时出现了不明原因的拒绝服务现象，许多

网站被迫关闭。

3.“一扫光”新型病毒攻击伊朗

伊朗遭到名为“一扫光”的新型恶意程序攻击。这是继“火焰”之后又一个将攻击目标锁定在伊朗地区的病毒。该病毒并没有使用复杂的技术，但攻击效果显著，可在杀毒软件未检测到的情况下删除磁盘分区文件。同时，该病毒在计算机被重启的情况下，通过重新添加一个注册入口可以被再次激活，并通过U盘、病毒植入、鱼叉式网络钓鱼等方式感染计算机。

4. 日本外务省20份机密文件遭网络黑客窃取

2013年2月，日本外务省办公计算机遭到黑客攻击，包括机密文件在内的20份内部文件疑被窃取。据悉，外务省疑被外泄的文件为会议资料等内部文件，其中还有被标为“机密2”的文件。日本“机密2”文件在3种机密程度中重要性处于第二位。

八、“棱镜”事件遭披露，各国纷纷采取措施加强其信息安全防护

随着“棱镜”事件的深入披露，国外媒体不断抛出美国对全球35个国家政要实施监听、美国与多国联手搜集情报等“重磅炸弹”，“棱镜”事件引发的风波不断升级，各国相继采取多种措施加强信息安全防护。

德国联邦情报局将在未来5年内投入1亿欧元加强对互联网的监控。目前，德国政府已批准首批500万欧元用于“技术成长计划”项目，并将扩大联邦情报局“技术侦察”部的规模，同时提高其计算能力与服务器性能。此外，德国也在打造“云端服务：德国制造”项目，以便向当地企业提供更安全的服务。

法国政府投入1.5亿欧元资助本国云服务提供商发展，以确保法国可不经美国企业之手，独立对网络信息进行处理和利用。

俄罗斯也计划出台法案，以加大互联网监控力度，法案将要求互联

网服务提供商暂时存储所有网络流量数据，并让俄罗斯联邦安全局能够接触到这些数据。这些数据将主要包括电话号码、IP 地址、账户名称、社交网络活动及电子邮箱等，该法案有可能会在 2014 年 7 月生效。同时，俄罗斯很多重要的政府部门，如国防部、安全总局等都没有完全使用电子化文档，而是选择使用传统打字机和纸质文档，以防止重要信息泄露。

未来，随着信息技术的快速发展，新技术应用层出不穷，云计算、移动互联、大数据等领域的新技术应用将带来新的信息安全问题，同时，网络攻击和窃密手段也将变得更加复杂和多样化，信息安全保密领域将面临更加严峻的挑战。综上所述，2014 年美国、欧洲、日本等国家和地区将进一步加快立法进程，特别是在信息安全保密、关键基础设施保护领域。同时，出于新技术应用风险管控的需要，各国也将加强政府部门信息技术风险管理，探索适应新技术应用的安全监管模式和手段。

（作者：由鲜举　李爽　李艳霄）

“棱镜”事件始末

6月7日，英国《卫报》报道称美国国家安全局（NSA）正在开展一个代号为“棱镜”（PRISM）的秘密项目。消息一经披露，引起各方极大关注，反映强烈。

一、事件概况

2013年6月7日，英国《卫报》报道，NSA正在开展一个代号为“棱镜”（PRISM）的秘密项目[1]。该项目可通过接入9家美国互联网公司的中心服务器，直接挖掘数据，来收集情报。微软、谷歌、雅虎、Facebook、PalTalk、AOL、Skype、YouTube，以及苹果在内的9家美国互联网企业均参与了这一项目。

当天，《华盛顿邮报》报道称美国总统奥巴马承认了该项目的存在，并称项目实施是出于“反恐和保障美国人安全的目的”[2]。

9日，前中央情报局（CIA）雇员、现就职于NSA防务承包商“布兹埃伦汉米尔顿公司”的爱德华·约瑟夫·斯诺登（Edward Joseph Snowden）通过《卫报》公开承认，自己是秘密情报监听项目的“消息源”[3]。随后，他接受了香港《南华早报》的采访，披露了包括“棱镜”项目在内的多个美国政府秘密情报监视项目。他公布的信息显示，美国政府组织入侵中国网络活动至少已有4年之久，目标包括中国香港特别行政区的大学、政府、企业和学生的个人计算机，以及中国大陆的计算机系统。其入侵方式通常是透过入侵巨型路由器，进而轻松进入数以万

1 http://www.guardian.co.uk/world/2013/jun/06/us-tech-giants-nsa-data.

2 http://www.washingtonpost.com/politics/obama-defends-sweeping-surveillance-efforts/2013/06/07/2002290a-cf88-11e2-9f1a-1a7cdee20287_story.html.

3 http://www.guardian.co.uk/world/2013/jun/09/nsa-secret-surveillance-lawmakers-live?INTCMP=SRCH.

计的计算机的方式实现的。

据悉，斯诺登是在做好披露机密信息的相关准备，并向公司请假后，于5月20日离开夏威夷前往香港的，随后一直藏匿在香港的一家酒店。

二、各方反应

（一）媒体竞相报道

6月7日，英国《卫报》和美国《华盛顿邮报》率先报道，NSA和联邦调查局正在开展一个代号为“棱镜”的秘密监听项目，要求电信巨头威瑞森公司每天向其上交数百万用户的通话记录，涉及通话次数、通话时长、通话时间等（但不包括通话内容）。通过该项目，美国政府可直接进入包括微软、谷歌、雅虎、Facebook、PalTalk、AOL、Skype、YouTube以及苹果在内的九大网络巨头公司的服务器，监控美国公民的电子邮件、聊天记录、视频及照片等秘密资料。

9日，《卫报》应斯诺登的要求，公开了其身份，并对其进行专访。斯诺登表示，NSA已经搭建了一套基础系统，能截获几乎所有的通信数据。之所以揭露此事，是因为“自己良心上无法允许美国政府侵犯全球民众的隐私和互联网的自由”。

12日，中国香港《南华早报》采访了斯诺登。他称，美国情报部门自2009年起开始入侵、监控中国内地和香港的计算机系统。NSA全球范围内的网络攻击行动超过6.1万项，针对内地及香港的此类行动数以百计，其主要攻击网络中枢，如大型互联网路由器，这样可接触数以十万计计算机的通信数据，而不用入侵每一台计算机。

13日，《印度时报》报道，维基解密网站创办人阿桑奇12日要求印度政府向斯诺登提供庇护[1]。

此外，中国香港多份报刊还发表了相关社论：

---

1 http://world.huanqiu.com/regions/2013-06/4022870.html.

《星岛日报》社论认为，斯诺登选择中国香港作为避难所，为香港的言论自由提供了免费宣传。《成报》社论称“美国号称世界最自由、最民主的国度，但从斯诺登揭发出来的‘窃听门’事件看，似乎浪得虚名”。《明报》社论认为，斯诺登藏身中国香港，香港特区政府肯定会就其去留问题与美国当局展开一番角力，中国香港政府严格依法处理抑或顺从美方要求轻易交出斯诺登，会成为检验高度自治甚至“一国两制”的试金石。《南华早报》社论认为，斯诺登选择在“习奥会”结束不久就公开批露这一事件，时间选择上“耐人寻味”。这一事件使中美关系和中国香港的信誉都受到考验，尊重公众权利和自由以及司法制度是中国香港的优势，香港也应特别注意其历史地位和角色。《文汇报》社论称，斯诺登事件再次暴露了美国政府在人权、自由、反恐问题上采取了“双重标准”，自己暗地里肆意侵犯人权和自由，却道貌岸然地指责别人，充分暴露了美国政府的虚伪、霸道、自私，难免引起全世界的反感。

（二）各国政府态度

1. 美国

6 月 7 日，美国总统奥巴马承认了“棱镜”计划，但他强调说，该项目不针对美国公民或在美国的人，目的在于反恐和保障美国人安全，且经国会授权，并在美国外国情报监听法案（FISA）的监管之下。

11 日，白宫新闻发言人表示，美国是否要起诉斯诺登，还有待于进一步的调查[1]。

13 日，NSA 局长基思•亚历山大表示，通过“棱镜”等监听项目获得的重要信息曾多次破获恐怖袭击阴谋，从而确保了美国公民的人身安全[2]。

2. 俄罗斯

11 日，俄罗斯总统普京表示，斯诺登所披露的监控手段应用广泛，鉴

1 http://www.upi.com/Top_News/US/2013/06/11/ACLU-sues-Obama-administration-officials-in-NSA-phone-surveillance-case/UPI-30051370930400/.

2 http://www.telegraph.co.uk/news/worldnews/northamerica/usa/10117470/NSA-director-says-surveillance-programs-disrupted-dozens-of-terrorist-attacks.html.

于国际反恐的需要也是合情合理的，但这些手段必须合法利用，不能背着老百姓进行，“在俄罗斯，不经法院允许，不得监听电话对话内容”。俄罗斯总统发言人德米特里·佩斯科夫称，若美国监控项目爆料人爱德华·斯诺登向俄罗斯提出请求，该国会考虑向其提供政治避难[1]。

3. 德国

德国政府发言人塞伯特 10 日表示，美国总统奥巴马即将访德，德国总理默克尔将与他谈及美国的网络监控问题。12 日，德国政府提前召开了专门会议，评估德国受监控影响的程度[2]。

但此事件涉及的 Facebook 和谷歌公司均否认参与了“棱镜”监听项目。

（作者：由鲜举　李冀　李艳霄　李爽　颉靖　苏仟）

1 http://cn.reuters.com/article/CNTopGenNews/idCNCNE95B02Y20130612.

2 http://www.people.com.cn/24hour/n/2013/0614/c25408-21833356.html.

美国秘密监听项目简析

2013 年 6 月，美国前情报机构雇员斯诺登曝光了代号为“棱镜”的秘密监听项目。该项目通过接入微软、雅虎、谷歌等 9 家美国 IT 公司的中心服务器，直接对用户的电子邮件、即时消息等 10 类信息进行深度监听。实际上，“棱镜”项目远非个案，美国实施秘密监听由来已久。通过秘密监听项目的实施，美国获取了大量政治、军事、外交、经济和民生等领域的信息和情报，为其谋取各种利益服务。

一、美国已开展的秘密监听项目

（一）“棱镜”项目

“棱镜”项目由 NSA 负责，项目编号 US-984XN，年度工作经费 2000 万美元。该项目通过微软、雅虎、谷歌、Facebook、YouTube、Skype、AOL、PalTalk 和苹果 9 家美国 IT 公司的中心服务器，对电子邮件、即时消息、视频、照片、存储数据、语音聊天、文件传输、视频会议、登录时间和社交网络资料等用户信息进行深度监听。监听对象涉及所有使用上述公司服务器的客户，包括与境外联系的美国公民。该项目自奥巴马上任以来日益受到重视，仅 2012 年其有关数据就被《总统每日简报》引用 1477 次，至少 1/7 的 NSA 报告使用了该项目的数据。

（二）其他秘密监听项目

冷战时期，美国出于军事目的，已开始对华约成员国进行监听。冷战结束后，监听重点发生变化，商业情报约占四成。“9・11”事件后，美国又以反恐为名，将监听的范围扩展到整个网络空间。目前已曝光的秘密监听项目详见表 1。

表 1　美国开展或参与的部分秘密监听项目

<table>
<tr><th colspan="2">项目名称</th><th>开始时间</th><th>监听内容</th><th>组织方式</th></tr>
<tr><td colspan="2">“梯队”</td><td>1971 年</td><td>商用电话 传真
电子邮件</td><td>美国主导，“五只眼”[1]
国家共同参与</td></tr>
<tr><td colspan="2">“绳芯”</td><td>1982 年</td><td>个人信息 财务信息</td><td>美国独立开展</td></tr>
<tr><td colspan="2">“灯心绒”</td><td>—</td><td>个人通信</td><td>美国独立开展</td></tr>
<tr><td colspan="2">恐怖分子监视项目</td><td>2001 年后</td><td>电话记录 财务信息</td><td>美国独立开展</td></tr>
<tr><td rowspan="4">“上游”
2003 年</td><td>Blarney</td><td>2006 年前</td><td>骨干网上的元数据</td><td>美国独立开展</td></tr>
<tr><td>Stormbrew</td><td>—</td><td>—</td><td>美国独立开展</td></tr>
<tr><td>Fairview</td><td>2007 年</td><td>电话 互联网信息
电子邮件 等</td><td>美国独立开展</td></tr>
<tr><td>Oakstar</td><td>—</td><td>—</td><td>美国独立开展</td></tr>
<tr><td rowspan="4">“星风”
2004 年</td><td>“棱镜”</td><td>2007 年</td><td>邮件 照片 视频
即时消息 登录时间
存储数据 语音聊天
文件传输 视频会议
社交网络资料 等</td><td>美国独立开展</td></tr>
<tr><td>“主干道”</td><td>2007 年</td><td>通话记录</td><td>美国独立开展</td></tr>
<tr><td>“核子”</td><td>2007 年</td><td>通话内容 关键词</td><td>美国独立开展</td></tr>
<tr><td>“码头”</td><td>2007 年</td><td>电子邮件 网络交流</td><td>美国独立开展</td></tr>
<tr><td colspan="2">X-Keyscore</td><td>—</td><td>各类网络通信</td><td>美国主导，“五只眼”
国家共同参与</td></tr>
<tr><td colspan="2">Dropmire</td><td>2007 年</td><td>外国大使馆
外交人员</td><td>美国独立开展</td></tr>
<tr><td colspan="2">“颞颥”</td><td>2011 年</td><td>通话记录 电子邮件
上网记录 等</td><td>英国主导，与美国共
享数据</td></tr>
</table>

1. 美国独立开展的秘密监听项目

“绳芯”项目收集的是“威胁国家安全”的美国公民的个人和财务信

1 美国、英国、澳大利亚、加拿大和新西兰五国签署了情报共享协议，被称为“五只眼”情报共享联盟。

息，始于 1982 年，其收集到的信息通过建立数据库进行存储，对象涉及数百万人。

“灯心绒”项目主要用于监听存储用户语音通话和电子邮件等个人通信信息。

“恐怖分子监视”项目是以反恐为名设立的，但实际却用于监控美国公民的财务和电话记录。

Dropmire 项目始于 2007 年，主要针对外交领域，至少有 38 个大使馆曾被监听。

“上游”项目通过直接接入海底通信光缆，获取国外用户的通信信息。该项目始于 2003 年，由 Fairview、Stormbrew、Blarney 和 Oakstar 4 个子项目构成。其中，Fairview 子项目负责收集通话、互联网和电子邮件等通信数据，Blarney 子项目负责收集互联网骨干网上的元数据。

“星风”项目始于 2004 年，是一个综合性监听项目，后拆分为“棱镜”、“主干道”、“核子”和“码头”4 个独立项目。除“棱镜”之外，“主干道”项目负责获取并存储美国公民的电话记录，并建立大型数据库，现已存储 1.9 万亿条记录。“核子”项目主要监听通话内容和关键词。“码头”项目监控电子邮件、网络聊天系统及其他通过互联网交流的媒介。

2. 美国主导、其他国家参与的监听项目

“梯队”项目始于 1971 年，是目前为止已知最早启动的一个秘密监听项目。该项目由“五只眼”国家共同参与，针对民用和商用电话、传真及电子邮件，监听到的信息被送往美国 NSA 和英国政府通信总部进行处理。

“密钥”项目是 NSA 最大的网络监听项目，在全球 150 个地点监听 700 多台服务器，“五只眼”国家均参与其中。该项目可最大限度地收集几乎所有类型的互联网数据，其监听范围如图 1 所示。除英语之外，该项目还拥有专门针对阿拉伯语和汉语的网络监听能力。

3. 其他国家主导美国参与的项目

"颞颥"项目始于2011年，由英国政府通信总部负责，美国参与，是从海底光缆直接窃取海量数据，主要监控通话记录、电子邮件及上网记录等。

图1 "密钥"项目监听布局示意

二、美国秘密监听项目的组织方式

美国主要采取两种形式进行秘密监听：一是独立开展，由NSA负责，国内机构和企业参与；二是与盟国合作，组成情报共享联盟。

1. 独立开展

在此类项目中，NSA直接对总统负责，与军方交换需求和信息，与执法部门合作收集和共享情报。在监听系统的建设、管理和维护过程中，诺格等公司与NSA紧密合作，上千家"可信合作伙伴"公司为国家安全部门提供敏感信息。具体执行机构如图2所示。

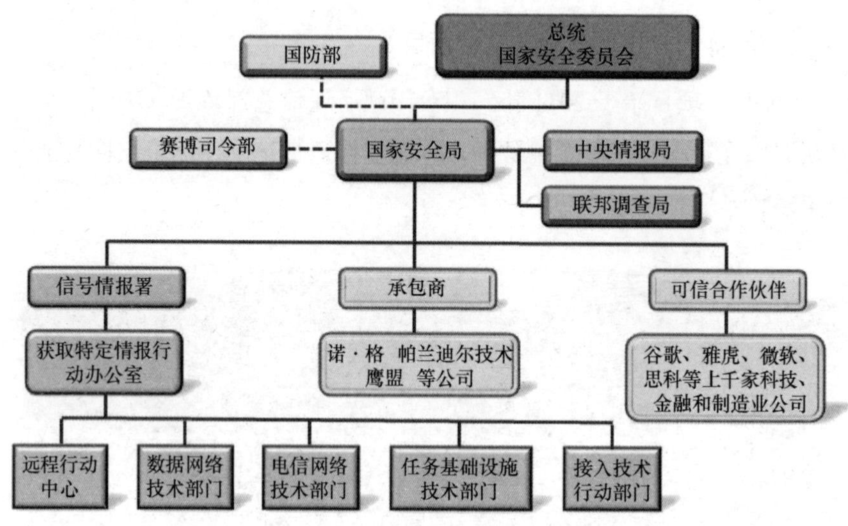

图 2　美国监听项目执行机构架构

“获取特定情报行动办公室”（TAO）是 NSA 下属信号情报署中规模最大、最重要的机构，在秘密监听项目中发挥着重大作用，其下属机构的具体职能详见表 2。

表 2　TAO 的机构组成及职能

机构名称		职　能
获取特定情报行动办公室	远程行动中心	借助专用软件，通过电子手段侵入目标计算机系统，下载硬盘中保存的内容
	数据网络技术部门	开发先进的计算机软件，确保情报收集任务的实施
	电信网络技术部门	开发技术，秘密接入目标计算机系统和电信网络
	任务基础设施技术部门	安排 CIA 特工在海外目标计算机或通信系统中秘密安设窃听装置，以便远程访问

2．与盟国合作开展

美、英两国在 1947 年秘密签订了《英美谍报联盟协议》，整合情报力量，共享情报数据，此后又吸收了加拿大、澳大利亚和新西兰加入，组成“五只眼”情报共享联盟。五国承诺互不刺探，而彼此交换情报和分析结果。该联盟在“梯队”、X-Keyscore 和“颞颥”等大型监听计划中发挥了重要作用。

三、监听的法律依据

美国曾出台多项法律确保公民的个人隐私和通信信息不被非法监听，但与此同时，美国也一直试图通过构建相关法律体系来确保其秘密监听工作的合法性，以避免法律上的纠纷和障碍。美国推出《外国情报监视法》、《爱国者法案》等法律，实际目的是为了扩大其政府机构的公权力。其本质不但与《美国宪法》中规定的人权和自由等内容相抵触，而且也是蔑视他国人权的单边法案。目前对于“棱镜”等秘密监听项目以及相关法律是否违宪的辩论仍在进行中。

“棱镜”计划曝光后，美国家情报总监 James Clapper 发表了一份声明，对“棱镜”计划的合法性进行了解释，称“棱镜”收集情报需得到外国情报监视法庭批准，声明还针对媒体关于《外国情报监视法》第 702 节的报道进行了辩解，称第 702 节旨在协助获取美国境外的非美籍人士的情报信息，并不针对美国公民。

1934 年，美国会通过《联邦通信法案》，这是美国第一部对情报监听加以规范的法律，该法第 605 条规定，未经信息发送者授权，任何人不得对通信进行监听。1968 年通过的《联邦监听法令》规定，除非有法庭授权并签发令状或经当事人同意，执法人员不得在通信线路上搭线或者截听电话，也不得使用电子装置窃听私人谈话。1978 年、1986 年和 1994 年，美国分别通过了《外国情报监视法》、《电子通信隐私法》和《执法通信辅助法》。这三部法律的出台，被看做美国情报监听法律制度成熟的标志：《外国情报监视法》将监听立法从刑事诉讼领域扩展至国家安全领域，《电子通信隐私法》将口头交流、有线通信及电子通信全部纳入监听法律规章范畴，《执法通信辅助法》则进一步明确了电信通信营运者的执法协助义务，从而建立起了全方位的监听法律制度体系。2001 年的“9·11”事件给美国情报监听制度带来了一次突变，《爱国者法案》的通过极大地强化了执法机构与情报机构的监听权力。该法案第 215 条允许拓宽监听范围，授权NSA执行大规模收集国内电话、电邮和互联网记录的计划，目标是防范恐怖主义。美国国会于2008年通过《外国情报监视法》修正案第702条，允许美国政府机关收集电子通信信息，以获取有关对美国国家安全构成威胁的外国目标的情报。

（作者：由鲜举　李冀　李爽　李艳霄　苏仟）

美国秘密监听项目实施手段分析

美国实施秘密监听项目，旨在获取各种有价值的信息，以服务于美国的利益。究其本质，其采用的途径和手段有两点：一是从各种可以利用的渠道尽可能地收集数据；二是迅速、有效地对海量数据进行筛选和分析，从而获取有价值的情报内容。为确保秘密监听项目的开展，美国主要采取了以下途径和技术手段。

一、利用完善的信息基础设施实施监听

美国拥有的信息基础设施在全球首屈一指。全球互联网的主根服务器在美国，其余 12 台辅根服务器有 9 台在美国，全球主要的海底通信光缆也大多与美国相连，美国可以轻而易举地通过对互联网根服务器和通信光缆接口进行直接监听，获取数据和通信信息。NSA 耗资 12 亿美元在犹他州兴建的大型数据中心于 2013 年秋季投入使用，该中心建筑面积 10 万平方米，可安放监听计划的主服务器，存储超过 50 亿千兆字节的数据。

二、与大型 IT 企业联合开展监听活动

美国政府、情报部门和企业间的合作由来已久。在美国，有数千家公司秘密为政府和军方情报机构提供敏感信息，这些公司被称为“可信合作伙伴”。据披露，美国情报部门与参与“棱镜”项目的企业达成数据分享协议，对数据的获取、处理、分析、整合及使用，形成了完善的数据信息分享系统。例如，微软公司在向用户公开公布补丁和修复漏洞之前，首先会向情报部门提供相关信息，便于其加以利用。此外，作为世

界上最大的网络设备提供商，思科公司的产品遍及全球，利用思科路由器的窃听功能也可助美国轻松窃取数据。

作为回报，企业在配合情报部门监听工作的同时，也获得政府给予的政策和订单方面的支持。2006 年，美国通过“梯队”项目窃听到空中客车公司和沙特谈判代表的通话内容，帮助波音公司获得了 60 亿美元的订单；2010 年，谷歌公司从美国情报机构获得了临时的机密情报授权，使服务器免受攻击；2012 年，美国以国家安全为由，确保了思科公司在美国网络设备市场的主导地位。据来自欧洲议会“美国监听项目临时调查委员会”的报告显示，美国直接利用 CIA 和 NSA 提供的情报进行多起不正当竞争，致使欧洲企业遭受了超过 130 亿美元的损失。

三、使用先进信息技术确保监听计划顺利开展

云存储技术和大数据的快速发展和广泛使用为美国的监听项目提供了便利。微软的 SkyDrive、谷歌的 Google Drive、苹果的 iCloud 及 Dropbox 被称为全球四大云存储产品，这四家企业都被曝光与“棱镜”项目相关。NSA 通过“信息无疆界”大数据分析系统，对全球监听数据进行管理。NSA 还采用 NoSQL 数据库、Hadoop 基础架构、机器学习和复杂数学模型等大数据技术，提升数据挖掘和分析能力。此外，美国在 2012 年启动了“大数据研究与开发计划”，这将进一步提升美国对监听数据的分析能力。

近年来，美国一直在研究对社交网络进行监控，进而获取情报的相关技术。2009 年美国举办“网络挑战赛”，旨在运用社交网络快速获取情报。美国情报部门还提出“镶嵌学说”，旨在利用社交网络构建一个目标用户的“人际关系圈”。美国正在开发一种“网络聚合体”的技术，通过对登录社交网络的目标用户进行监控，发现其行为变化，以提前预警。

四、“棱镜”监听计划技术细节分析

当 NSA 分析师寻求获得一个新监控目标的信息时，“棱镜”系统会

进行如下的运行流程，如图 1 所示。

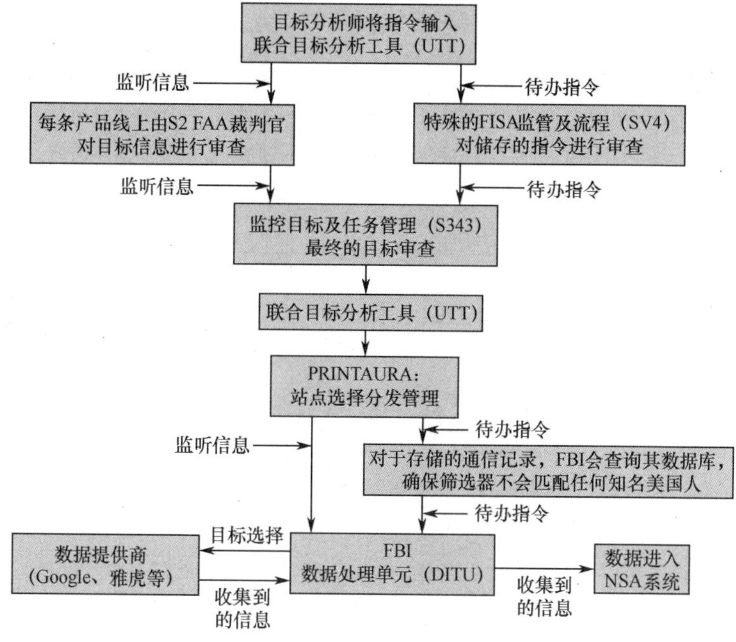

图 1 "棱镜"项目建立新监控目标的流程

数据提供商收集到被监控目标的信息后，相关的语音、文字、视频及地理位置、监控目标的设备特征等"数字网络信息"都将由专门的系统进行分析，如图 2 所示。

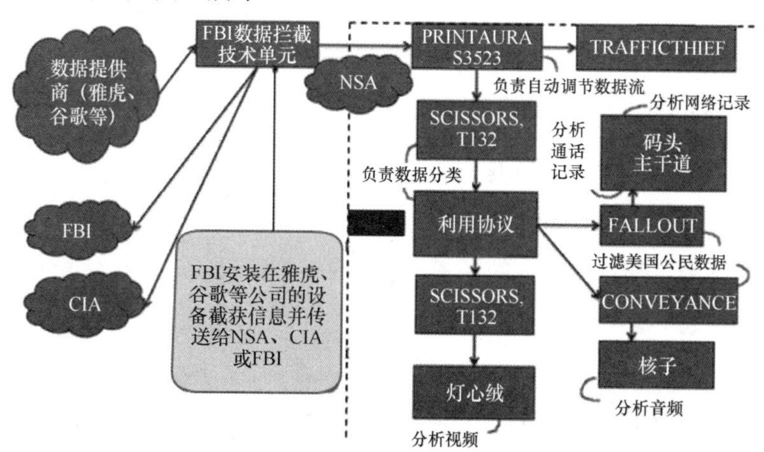

图 2 分析数据提供商收集到的信息的流程

在“棱镜”项目中，每个被监控目标都有一个指定的案例代号，代号格式反映出了实时监督、存储内容的可用状态，如图3所示。根据提供者所提供信息的不同，当一个指定目标登录或发送电子邮件时，NSA可以接收到相关的实时通知，或者监测到指定目标的语音、文本以及语音聊天。

图3 “棱镜”监控目标案例代号

1. 接入互联网公司中心服务器

根据斯诺登披露的文件，“棱镜”项目可使情报人员通过“后门”进入9家主要科技公司的服务器。这些公司的服务器处理和存放大量信息，包括个人在社交媒体的私密信息、网络聊天记录、互联网搜索记录。

网络路由器和交换机都具有网络操作系统，普通用户和开发设计人员都能用，但是开发设计人员可以在后台看到普通用户无法看到的信息，这就是业界所说的“后门”，即不为普通用户所知的、由开发者自己设置的进入系统的通道。事实上，只要入侵骨干网上的路由器，即可入侵成千上万台计算机，无须一一入侵个别计算机。这样一来，任何一台计算机上的信息都可以被捕捉到。

2. 通过思科路由器及骨干网络设备进行监控

除了上述 9 家企业之外，业内人士认为思科公司在全球的路由器和以太网交换机市场份额都占据第一位置，在美国市场更是一家独大，像“棱镜”这么机密和敏感的项目，思科不可能不参与。

思科公司虽然否认参与“棱镜”项目，但是没有否认这样的事实：思科公司的产品有网络侦听功能，而且存在后门。事实上，思科公司在自家网络产品中预留大量存在的后门，已在业界广为人知。

思科公司在“棱镜”项目中处于一个极为重要的地位，所有参与公司的流量数据都通过各种路由器才能传给用户，而思科公司提供的路由器等设备具有监控窃听这些数据的功能，这样，微软、谷歌和苹果等公司的确没有让 CIA“直接”访问他们的数据，但 CIA 却通过思科公司获得了他们的数据。

3. 在通信层进行大规模监控

由于各家公司的数据结构各不相同，在这些海量数据中寻找信息也有难度，那么，在通信层面进行监控就是最简单、有效的监控方法。常见的网络传输协议包括 http、ftp、smtp、pop3、telnet 等，这里面大部分网络传输协议都是明文传输数据，这样，监控者只需要在路由器的关键节点部署一些网络监听设备，就可以截取到所有明文传输的信息。

（作者：李冀　李爽　李艳霄　苏仟）

各国应对“监听门”措施分析

2013年6月，美国前CIA雇员斯诺登将NSA有关“棱镜”计划的绝密资料透露给英国《卫报》和美国《华盛顿邮报》，引起全世界强烈反响，“棱镜”事件也被称为“监听门”事件。“棱镜”等秘密监听项目一经曝光，立即引起了各国政府的广泛关注，各国政府纷纷采取措施，加强其信息安全防护。

一、“棱镜”项目简析

“棱镜”项目是NSA自2007年起实施的一项绝密电子监听计划，其正式代号为“US-984XN”，该计划得到了美国《外国情报监视法》的授权，2012年美国国会批准将该计划延长至2017年年底。根据该计划，NSA可直接接入微软、雅虎、谷歌、Facebook、YouTube、Skype、AOL、PalTalk和苹果9家美国IT公司的中心服务器，获取用户记录、电子邮件、即时消息、存储数据、社交网络等10类用户信息。

二、从“棱镜”项目看美国的情报能力

（一）具有压倒性的技术优势

美国在网络通信领域具有压倒性的技术优势，是其实施全球监听活动的重要基础。美国控制了全球通信网络的主要数据和信息资源。全球互联网的13台主、辅根服务器有10台在美国，全球主要海底通信光缆大多与美国相联。美国可通过对互联网根服务器和通信光缆接口进行直接监听，轻易获取大量的数据和通信信息。美国长期垄断了信息产业核心技术和高端网络设备市场。英特尔、微软、谷歌、苹果和思科几乎垄

断了全球CPU、操作系统和网络交换机的市场。美国是互联网的发源地，控制着互联网的大部分域名根服务器，拥有一大批互联网跨国公司，其网络通信技术和产品遍布全球，为其实施广泛的监听活动提供了牢固的技术保障。

（二）无线网络和通信破解分析能力强

美国对有线网络数据的获取是基于对本土互联网和电信企业的合作，而对异国基础设施和互联网应用的介入能力要弱一些。但随着无线传输的开放和美国日益增强的破解和信息分析能力，使得无线网络和环境的安全问题比有线网络更严重。例如，“梯队”系统信息的收集主要靠无线监听，美国已经有能力对收集的无线网络和通信进行接收解析和还原，加之美国强大的大数据整合和深入挖掘能力，使得无线网络的安全问题更为突出。

（三）具有一定的大数据处理能力

美国近几年通过启动“大数据研究与开发计划”等项目，不断提升其大数据处理能力。NSA 通过“信息无疆界”系统、NoSQL 数据库、Hadoop 基础架构等手段，加强在监听项目中的大数据挖掘和分析能力。“棱镜”等美国情报监听项目收集大量的用户数据信息，从单条信息来讲，如通话时间、登录时间、位置等可能没有多大意义，但经过大数据的整合和深入挖掘，可以提炼出非常有价值的信息。NSA 可以通过把用户网络空间的身份与现实空间进行匹配，将通信、银行、网络等各个领域贯穿起来，抽取出每个领域该用户的数据信息，全方位描述出该用户的行为特征。

三、应对措施分析

“棱镜”等秘密监听项目一经曝光，立即引起了各国政府的广泛关注，纷纷采取措施，加强其信息安全防护。法国、德国等国强烈要求美国做出澄清，美国数千家网站、民权组织和隐私维权机构也发起了一系列反监听的在线和线下抗议活动。

2013年8月9日，美国政府迫于国内外压力，宣布政府将开始实施一系列监控项目改革措施，包括修改《爱国者法案》、重新评估并改进监听体系、增加项目透明度、组建专门小组全面评估监听项目影响等。此外，美国国家标准与技术研究院（NIST）也被迫对加密标准制定过程展开正式审查。11月1日，NIST启动了加密标准制定过程正式审查。

（一）修订法律

欧盟委员会出台了关于保护电子隐私的“技术性落实措施”，以强化欧盟范围内的电子数据安全，并要求成员国执行同样的保护标准。该措施规定，当欧盟范围内出现电子数据安全事故时，相关的电信运营商和互联网服务商等必须在发现事故后的24小时内向主管部门报告，迅速制定相关应对措施，加强对事故危害的评估等。此外，欧洲议会还加紧推进数据隐私草案的制定，相关国家政府将严格限制个人数据向美国公司传输。草案将严格控制从欧洲向美国的数据传输，强调除非得到明确许可，否则禁止这一做法。在欧洲提供数据服务的美国公司需要获得专项许可，才能向美国传输和存储信息。一旦被发现违反规定，该公司将受到巨额罚款。

印度政府计划出台新的电子邮件政策，旨在确保政府通信安全。自美国监听项目曝光后，印度互联网服务商建议政府要求Skype、Gogle和Facebook等美国互联网公司在印度境内设立服务器，且所有电信和互联网流均须通过印度国家互联网交换中心。新电子邮件政策将强制所有驻外政府官员使用唯一的静态IP地址、虚拟专用网，以及一次性密码来访问政府的电子邮件服务。

俄罗斯也计划出台法案，以加大互联网监听力度，法案将要求互联网服务提供商暂时存储所有网络流量数据，并让俄罗斯联邦安全局能够接触到这些数据。这些数据将主要包括电话号码、IP 地址、账户名称、社交网络活动及电子邮箱等，该法案有可能会在 2014 年 7 月生效。

（二）设立机构

为加强军用网络的防御能力，新加坡军方成立了网络防御行动中心，该中心将帮助降低军用网络面临的网络威胁，水力及电力等民用网络系统也将从中受益。该中心还将与新加坡信息通信技术安全局合作，了解网络威胁领域的最新前沿信息。

韩国公布的《国家网络安全安保综合对策》文件要求在青瓦台新设网络安全应对机构，及时应对分布式拒绝服务等网络攻击、定期检查主要机构主页、增加应对分布式拒绝服务网络避难所的容量以及对通信企业等进行定期安全评价等；在 2017 年前培养 5000 余名“反黑客”人员。

德国联邦情报局称，将在未来 5 年内投入 1 亿欧元加强对互联网的监控。目前，德国政府已批准首批 500 万欧元用于“技术成长计划”项目，并将扩大联邦情报局“技术侦察”部的规模（新增不超过 100 名工作人员），同时提高计算能力与服务器性能。此外，德国也在打造“云端服务：德国制造”项目，以便向当地企业提供更安全的服务。

（三）其他应对措施

法国政府投入 1.5 亿欧元资助本国云服务提供商发展，以确保法国可以不经美国企业之手就可独立对网络信息进行处理和利用。

俄罗斯联邦警卫总局（FSO）决定更多地使用传统打字机和纸质文档，以防止重要信息泄露。目前，俄罗斯很多重要政府部门，如国防部、安全总局等都仍在使用传统文档。俄议员、联邦安全总局（FSB）前局长尼古拉·科瓦廖夫认为，从确保安全的角度来说，任何类型的电子通信都具有风险。因此，为了确保信息安全，越原始的方法往往越有效，如通过手写或使用打字机。此外，俄罗斯负责国防工业管理的副总理德米特里·罗戈津也表示，“棱镜”事件再次表明，俄罗斯用于国防工业的电子元器件必须实现国产化，以规避黑客入侵的风险。计算机辅助设计和制造车床“包含的软件设置可以将车床关闭，或者传输与任务相关的工程参数数据”。目前，电子元器件在航天、海军、空军和装甲车辆领域广泛应用，俄罗斯必须确保关键电子元器件的本土生产和供应。

为加强印度政府机密信息安全，印度政府将限制其雇员使用谷歌公司的 Gmail 邮箱。据印度通信与信息技术部高级官员透露，印度政府禁止其雇员使用服务器在美国境内的诸如 Gmail 等邮箱服务，转而使用由印度国家信息中心提供的官方邮件服务。该部下属的电子与信息技术司官员称，印度用户的一些关键数据都保存在境外服务器上，目前，印度政府正寻求有效方法解决该问题。

（作者：李冀　李艳霄　李爽）

美国推动商用移动设备的安全管控

移动设备是指包含显示屏、支持用户输入的手持计算设备，主要包括智能手机和平板计算机等，因其具有可增强信息访问能力、改善信息使用效能和提升信息作战优势的潜力，已成为美军提升作战效能的一类重要工具。出于成本和技术等方面考虑，美军积极推动商用移动设备在国防领域的使用，商用移动设备逐渐成为国防部使用的移动设备主体。为规避商用移动设备在使用过程中存在的安全隐患，美军采取多种应对措施，建立了较完善的安全管理和控制体系及解决方案，为商用移动设备在国防领域的安全使用创造了条件。

一、商用移动设备在国防领域的应用逐步扩大

商用移动设备具有成本低、技术更新速度快、应用程序功能强大、维护简便等优势，在民用领域的发展已较为成熟。借助现有技术和商用移动设备，可在大幅改善信息共享和通信能力的同时，提高作战效能，为此，美军近年来越发重视商用移动设备在国防领域的应用。2013 年 6 月，黑莓、三星、苹果公司的商用移动设备先后通过国防部审批，获准通过移动设备站点接入国防部网络，直接应用于国防领域。据美国国防部 2013 年 5 月的统计，美国防部实际使用和试点使用的商用移动设备已超过 60 万台，比 2012 年增加了 1 倍多，其中黑莓系统设备最多（约 47 万台），其次为苹果系统设备（约 4 万台）和安卓系统设备（约 8700 台）。

二、商用移动设备的安全问题不容忽视

尽管商用移动设备具有价格低廉、功能强大等特点，其便携性和智

能性在军事领域应用优势明显，但也存在着诸多的安全隐患。在 2013 年美军开展的移动设备测试中，部分商用移动设备因易受网络攻击，可导致敏感信息泄露，其安全问题不容忽视。

（一）商用移动设备自身存在安全风险

商用移动设备的安全漏洞难以察觉和控制，在设计阶段有被植入安全漏洞或监控软件的风险，在使用阶段也可通过隐藏在应用程序中的恶意软件或病毒，对其进行攻击，致使信息泄露。商用移动设备的安全隐患主要体现在以下几个方面。

一是病毒安全隐患。病毒可利用商用移动设备的蜂窝网络实时在线、外围接口丰富、信息传播速度快等特点，伪装成正常程序，对其进行干扰，妨碍其正常使用。2010 年 12 月，美国杀毒软件公司发现一种名为“双子座”的蠕虫病毒，该病毒可入侵商用移动设备，并对其进行远程控制，且每隔五分钟向服务器发送一次用户的身份和位置等信息。

二是应用软件安全隐患。应用软件的数量在应用商店模式下迅猛增长。由于移动设备的操作系统具有开放性，这些应用软件存在大量的安全漏洞和缺陷，易被植入恶意代码，易被修改和二次打包，出现严重的软件盗版情况。一些恶意代码能防止反病毒软件的查杀，难以对其进行人工或自动化分析等检测。此外，一些第三方应用软件保护方案大都提供通用的代码保护，对应用软件数据和业务本身保护措施不到位。

三是云平台安全隐患。目前，商用移动设备主要借助云平台，实现大量数据的传输、存储和备份等。云计算环境具有用户聚集性和海量性等特点，在为移动用户提供便利的同时，也存在诸如信息窃取、数据泄露等安全隐患。2010 年以来，云计算环境在可靠性、可用性和安全性等方面已多次出现问题，谷歌、索尼、亚马逊、微软、推特等均发生了云计算安全事件。例如，谷歌 Gmail 爆发了大规模的用户数据泄露事件，约 15 万 Gmail 用户的所有邮件和聊天记录被删除，部分用户的账户被重置。亚马逊云计算中心出现宕机，故障持续 4 天，导致诸多功能系统瘫瘓，给用户造成严重损失。

（二）商用移动设备的管理存在漏洞

商用移动设备的管理漏洞，阻碍了其安全使用和推广。2013 年 3 月底，美国国防部总监察长在对陆军商用移动设备战略的执行情况进行检查中发现，因管理不到位，导致移动设备在使用中也面临着诸多风险：一是缺乏针对商用移动设备和移动媒介等的网络安全计划，致使美国陆军约 1.4 万台智能手机和平板计算机处于不可控状态，对移动设备使用的软件、访问的站点、查看保存或修改的数据无法进行有效监控；二是未对商用移动设备加装有效的管理软件，致使移动设备转让、遗失、被盗和损坏时，无法对其存储的数据进行远程擦除；三是未对商用移动设备接入内部网络和存储敏感数据进行严格限制，致使移动设备成为泄露敏感信息和数据的重大隐患，易造成安全事故或泄密事件等。

三、美国国防部采取的应对措施

随着美军对移动通信能力需求的不断增长，商用移动设备在军事领域的应用不断扩大，其安全问题必将受到高度关注。为确保商用移动设备使用和维护的高效费比，美国国防部采取多种措施，强化商用移动设备的管理和控制，确保其在国防领域的安全使用。

（一）制定移动设备顶层文件

近几年，美国相继制定和出台了一系列的移动设备顶层文件，大力推动移动设备的发展。2012 年，美国国防部发布《移动设备战略》，提出了美国国防部移动能力建设的总体思路和战略布局，主要从移动基础设施、移动设备、移动应用软件 3 个方面加强移动能力建设。为进一步贯彻落实《移动设备战略》，2013 年，美国国防部又发布了《商用移动设备实施计划》和《移动设备管理》等，规范商用移动设备的管理与应用流程，加快商用移动设备在国防领域的使用和推广。作为《移动设备战略》的具体执行计划，《商用移动设备实施计划》提出要充分利用商用移动设备解决方案和可信云解决方案，降低国防部基础设施的建设和管理运营成本；支持多厂商商用移动设备操作系统环境，实现设备的兼容采购；为移动应用建立联邦级的存储和分发设施；建立通用的移动应用开发框架，支持不同操作系统间的互操作；针对非密和涉密信息领域商用移动设备采取不同的实施计划；将国防部移动能力纳入现有的网电空间态势感知和计算机网络防御中。为进一步加强对商用移动设备的安全管控，《移动设备管理》对商用移动设备和操作系统、商用移动应用程序、政府/开源移动应用程序的管理和审核标准进行具体规定，规范并简化操作流程，以实现商用移动设备、操作系统和应用程序的快速交付与安全使用。

（二）构建移动设备管理体系架构

为加强对国防领域移动设备的管理，在《商用移动设备实施计划》中，美国国防部明确提出要构建以国防部首席信息官为总指导，由国防信息系统局牵头，以联邦总务署、国防部各部门、各军兵种及业务局为主体的多级管理体系。在这一体系中，国防部首席信息官最终决定国防部移动解决方案；国防部各部门、各军兵种或业务局将分别组建商用移动设备工作组，负责审核和批准各自职责范围内的移动解决方案和移动应用程序管理的相关标准、政策和流程；国防信息系统局负责移动设备和操作系统的审批工作；联邦总务署负责移动基础设施、移动设备及应用软件的采办合同管理。按照计划，2014年美国国防信息系统局还将成立国防部移动项目管理办公室，统筹负责国防部在全球的涉密和非密安全移动通信工作，监督移动设备的采购和运行，以期提升国防部对移动设备的管理和服务能力。

（三）规范移动设备安全认证审核

长期以来，黑莓设备是美国国防部使用的主要移动产品，国防部决定自 2013 年起开放移动设备与软件的采购渠道，通过加强安全认证审核，鼓励更多的商用移动设备公司为国防部提供移动产品。为确保所选用移动设备的安全性，《移动设备管理》进一步规范商用移动设备、操作系统和应用程序的安全认证审核，明确提出对商用移动设备和操作系统进行为期 90 天的安全认证审核，针对商用移动设备、操作系统等开展一系列专业筛选、测试和评估，通过严格审核的移动设备方可列入国防信息系统局的授权产品清单，只有这些产品才能应用于国防领域。目前，进入该授权产品清单的有安卓 2.2、苹果 iOS6 和黑莓 10 等操作系统。此外，为与商用移动技术发展保持同步，美国国防部最终将把商用移动设备的认证审核周期由 90 天缩减到 30 天，以确保新型的商用移动设备和技术在国防领域得以快速应用。

（四）搭建移动设备管理平台

统一的移动设备管理平台能够对国防部环境内可信移动设备起到保护、监控、管理和支持作用。2013 年 6 月，美国国防部投入 1600 万美元，开发“移动设备管理系统”和“移动应用商店”，将其作为移动设备和应用软件的监管平台。移动设备管理系统由美国国防信息系统局国防企业计算中心管理，国防部各部门可通过此系统为移动设备用户提供技术和服务。移动设备管理系统具有恶意软件探测、应用程序无线下载分发、远程数据擦除、远程设备配置管理，以及资产/财产管理等能力，可防止密钥和数据泄露，以确保商用移动设备和应用软件安全运行。移动应用商店可为移动设备提供应用程序安装、升级和删除服务，以优化移动应用软件的功能和分发，并将软件复制、成本和故障时间降到最低。

（作者：李爽　李冀）

日本出台措施保障国家安全

自2012年12月安倍第二次上台以来，日本就大打经济牌，推出大胆的金融政策、灵活的财政政策以及新增长战略（日本复兴战略）三支“箭”（也有人称之为“安倍经济学”），在缓和国内通货紧缩、加快日元贬值以及促进出口贸易等方面带来了一定效果，并从一定程度上刺激了长期低迷、沉寂的日本经济，政府的民众支持率也因此得到大大提升。

利用“安倍经济学”经济刺激计划积累起来的政治资本，日本政府随即在颇有争议的安全和社会领域推出了一系列“安倍味很浓”的措施，如仿照美国国家安全委员会的模式成立日本国家安全保障委员会，制定《国家安全保障战略》和新《防卫计划大纲》；国会强行通过《特定秘密保护法》；内阁制定并通过《“日本——安全的世界”创造战略》等，以强化国家安全保障。

一、成立国家安全保障委员会

日本以周边安全保障环境急剧恶化为名，大肆渲染中国和朝鲜威胁论。2013年11月27日，日本“国家安全保障委员会”相关法案在参议院表决通过，由此参众两院均获通过，相关法案成立。2013年12月4日，日本原有的安全保障委员会正式改组为国家安全保障委员会，常设由首相、官房长官、外务大臣和防卫大臣组成的“四大臣会议”，决定外交及安全保障的基本方针。日本国家安全保障委员会相关法案，旨在推进由首相官邸主导的外交及安保政策，并涉及与美国等相关国家开展紧密的信息共享等内容。

（一）回顾成立始末

2006年，日本政府在第一次安倍内阁的行政改革中首次提出要建立国家安全保障委员会。时任首相的安倍晋三将担任这个有关国家安全保障，旨在增强首相官邸职能的委员会的委员长，并计划从2007年2月开始，每两周召开一次例会。同年12月，该决议被时任首相的福田康夫撤销。

而日本众议院之后亦驳回了以改组现行的安全保障委员会，成立新的国家安全保障委员会并设立事务局为主要内容的安全保障委员会设置法修正案。虽然福田首相一直认为“要充分发挥现行的安全保障委员会的职能”，自民党的防卫省改革小委员会还是提议要创建国家安全保障委员会，另外，自民党还在其防卫大纲提案中明确提出要建立日本国家安全保障委员会。

2010年11月24日政权更迭后，民主党在其外交防卫调查会议发布的“有关修订‘防卫计划大纲’的提案”中，提出要建立国家安全保障办公室，并提议成立国家安全保障委员会。

在2012年第46届众议院议员总选举中，自民党将“设立‘国家安全保障委员会’，加强首相官邸指挥塔的职能”添加到竞选宣言中。安倍内阁第二次上台后，以在2013年1月发生的阿尔及利亚人质绑架事件中，极难获取阿尔及利亚军队的作战部署以及当地日本人安危状况的相关情报为由，不断提升设立国家安全保障委员会的筹码。2013年2月14日，日本内阁发起了有关创立国家安全保障委员会的专家会议，并于同月15日召开了第一次会议。

2013年6月7日，日本政府通过了设立国家安全保障委员会的相关法案（原安全保障委员会设置法的修订法案）。同年秋，该条例草案提交日本第185次国会，获得自民党、民主党、公民党以及日本维新会的一致赞成，并于同年11月27日在参议院全体会议上通过。2013年12月4日，安全保障委员会正式改组为国家安全保障委员会，同时其秘书处国家安全保障局亦于2014年1月7日起开始正式运行。

（二）设立国家安全保障局，以开展相关工作

作为国家安全保障委员会的事务机构，日本国家安全保障局于2014年1月7日正式启动，内阁官房参事（外交顾问）、前外务省事务次官谷内正太郎出任第一任局长。

国家安全保障局作为国家安全保障委员会的秘书处，其67名事务人员分别由日本外务省、防卫省、警察厅选派，其中还包含多名日本自卫队官员，以辅助国家安全保障委员会开展具体工作，并负责策划、信息分析、各政府部门间的协调等工作。

该机构下设“综合调整班”、“战略策划班”、“情报班”、“政策1班——同盟及友好国家”、“政策2班——中、韩、朝、俄等邻国”以及“政策3班——中东、非洲及中南美洲等其他国家和地区”六大部门（见图1），并将根据汇集至政府的情报制定政策，提交至国家安全保障委员会。

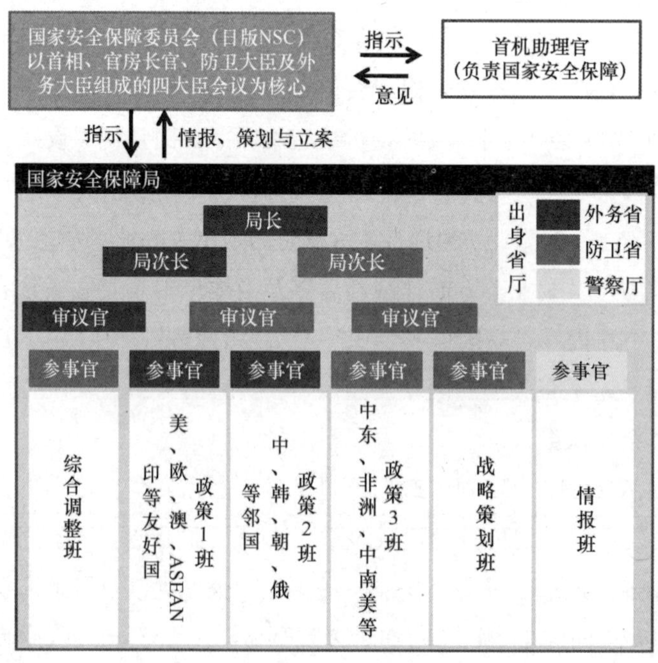

图1　日本国家安全保障局的组织体系

（三）同时通过《国家安全保障战略》和《防卫计划大纲》，将“积极安保政策”具体化

1. 有关日本外交和安全政策的首个综合方针——《国家安全保障战略》

2013年12月17日，日本国家安全保障委员会和内阁会议通过了作为外交与安全政策首个综合方针的《国家安全保障战略》，以取代1957年5月20日由国防会议和内阁会议通过的“国防基本方针”，用于指导日本未来10年的安全政策，并为安倍政府推进的“积极安保政策”提供支持。

该战略明确列出了日本面临的威胁和挑战，最突出的是朝鲜的“核武”计划和中国军力的快速且“不透明”扩张。日本称将“继续走和平国家的道路”，但妄图在亚洲扮演“积极的”维和角色，强调与美国和澳大利亚等盟友开展更紧密的军事合作。

为配合修改基于“武器出口三原则”的禁运政策，日本在《国家安全保障战略》中还明确提出“通过有效利用防卫装备进一步积极参与国际合作”。认为国际合作研发将是日本提高防卫装备性能、解决研发费用上涨等问题的重要手段。主张“推进共同开发及生产”，意在推进武器出口，扶植国防工业发展。另外，该战略还明确指示，在更广泛的层面上，日本应加强自身实力，以便在地区防卫方面扮演更重要的角色。

2. 日本未来十年防卫力量建设方针——《防卫计划大纲》

与安全保障战略同时出炉的《防卫计划大纲》，作为日本未来10年防卫力量的建设方针，呼吁建立更强大的情报、预警和探测网络，以防卫日本的海域和空域。新防卫大纲以所谓中国“入侵”尖阁诸岛（我国钓鱼岛及其附属岛屿）周围海域为由，提出在日本的西南诸岛加快防卫力量部署，以摒除对日本领土的威胁，并组建负责夺回离岛的部队等。

二、国会强行通过《特定秘密保护法》

日本政府于2013年12月13日正式颁布之前国会强行通过的《特

定秘密保护法》，同时还设立了一个筹备工作组，研究组建相关法令执行监督机构。作为国家安全保障委员会的配套法令，公布的只是法律条文，该法将在公布之日起的1年内开始实施，在正式实施前暂不具备法律效力。

《特定秘密保护法》规定，将防卫、外交、反恐和反间谍等情报指定为“特定秘密”，同时对泄露“特定秘密”的公务员处以最高10年的有期徒刑。该法将目前只有防卫省拥有的界定秘密的权力，拓展到所有政府部门和机构，赋予了政府机构宽泛的新权力，以强化内阁对军事、外交等国家机密事项的管理，加大对公务员泄密的惩罚力度。

尽管安倍已推动国会通过该法，但日本共同社的一项民意调查中，82%的受访者称希望该法得到修订，反对者认为任意指定特定秘密等于是捂上了民众的眼睛、耳朵和嘴巴，这说明这部与成立国家安全保障委员会相关且存在争议的《特定秘密保护法》不得人心。安倍政府之所以无视社会各界强烈反对，急于通过特定秘密保护法，背后隐藏着安倍试图“改造”日本战后政治的基因，驱使日本重新进入战前和战争状态的危险“秘密”。

三、制定《“世界——安全的日本”创造战略》

面对日益严重的网络犯罪、国际恐怖主义、集团犯罪，日本内阁于2013年12月10日通过《“世界——安全的日本”创造战略》，以改善日本国内社会的治安，并为2020年东京奥运会的成功举办创造一个安全、和谐、有序的环境。其主要内容主要包括以下七个方面：① 构建世界最高水平且安全的网络空间；② 制定放眼于八国峰会和奥运会等重大赛会的恐怖主义对策和反情报措施；③ 推进累犯防止对策，以抑制犯罪的重演；④ 对付威胁社会的有组织犯罪；⑤ 用安全和保障营造充满活力的社会；⑥ 以实现一个能与外国人和平共处的社会为目标，制定有关非法居留的政策；⑦ 加强治安基础，以创造“世界——安全的日本”。

四、分析与认识

1. 打破了各部门的垂直分管体系，将实现情报管理的一元化

日本国家安全保障委员会每月召开两次由首相、外务大臣、防卫大臣以及官房长官组成的“四大臣会议”，并以内阁成员为中心，负责中长期的外交和安保战略的筹措，以便在紧急情况下能灵活应对。另外，内阁官房另设专门负责国家安全保障的首相助理官和国家安全保障局作为其补充的组织机构。国家安全保障局负责发挥其综合协调职能，将外务省、防卫省和警察厅所管辖的外交、安保以及危机管理等信息都集中到首相官邸，统一进行分析。此外，国家安全保障局还要求各省厅提供情报，并在应急响应状况时向国家安全保障委员会提出必要的建议。日本国家安全保障委员会的成立，打破了内阁各省厅部门的垂直分管体系，意在加强首相官邸的“指挥塔”功能，实现情报管理的一元化。

2. 强调与其他国家的安全保障委员会合作，加强情报交换和共享

安倍在国家安全保障委员会成立之时，便指示即将出任第一任国家安全保障局局长的谷内正太郎，要加强与拥有强大情报收集能力的美国国家安全保障委员会和英国国家安全保障委员会为中心的国外情报机构之间的合作，加强情报交换和共享，并称这是“首要的工作”。

为此，日本致力于开通国家安全保障局与美国及英国国家安全保障委员会之间的热线，并将与美、英两国定期举行以信息交换为主的会议，以强化相互之间的关系。届时，日本方面将由国家安保局局长出席，而美国方面将由负责国家安全保障事务的总统助理或亚洲事务高级部长以代表身份参加，英国则由负责国家安全保障的首相助理官参加。根据情况，日本内阁官房长官和负责国家安全保障的首相助理官也将出席。此外，日本还将开始与法国、德国、俄罗斯和韩国等国家磋商开通类似热线。

2014 年 1 月 17 日，日本国家安全保障局局长谷内正太郎和美国总统助理（国家安全顾问）赖斯在华盛顿进行了会谈，并在加强日美国家安全保障委员会（NSC）之间的紧密合作达成一致意见。

3．目标定位不明确，日本国家安全保障委员会的强大功能遭质疑

通过加强紧急事态的危机管理和提高日本的情报收集能力，在首相的领导下解决安全保障方面所关注的问题是日本国家安全保障委员会成立的关键点。

然而，制定并全面推动此中长期安全保障战略的主要目标是什么，是否就是以在发生大规模灾害和紧急情况时，能进行灵活地应对处理为目标。关于这个问题，日本内阁成员尚未形成明确的定位。

此外，新成立的国家安全保障局人员编制仅67人，而且是由日本内阁各省厅拼凑组成。与此相对，美国国家安全保障委员会有超过200名以上的员工，并拥有强大的情报机构，这是日本安全保障委员会所不能企及的。

另外，日本安全保障委员会的成立旨在改变内阁各省厅之间根深蒂固的垂直管理结构，使得情报能方便、快捷地传达至首相官邸，然而其与内阁情报调查办公室之间存在职能和职责划分不明确的问题，难以打破官员长期存在的“地盘意识”，而且保密和自我保护等官僚主义猖獗，如上报适宜的情报，而坦然地掩饰不合时宜的情报等。日本国家安全保障委员会的强大功能受到质疑。

4．打着“积极和平主义”的旗号，针对中国意图明显

日本在《国家安全保障战略》中将安倍提倡的“基于国际合作原则的积极的和平主义”作为基本理念，明确表示愿意主动为国际社会的和平与稳定做出贡献。在国家安全保障局成立的揭幕仪式上，安倍强调：“今后我们要有战略地守卫日本的领土、领海和领空!”

日本政府预计与中国在钓鱼岛问题上的对立将长期化，针对中国的海洋活动和划设东海防空识别区，《国家安全保障战略》称“这是以力量改变现状的尝试”，并以“国际社会的关切事项”这一表述来对中国军事实力增强予以制约，要求中方自我克制，针对中国的意图显而易见。

5．实质是为了拉开日本与第二次世界大战后和平主义的距离

日本政府利用“安倍经济学”经济刺激计划取得的一定成效作为政

治资本，在颇有争议的国家安全和社会领域动作频频，不论是成立国家安全保障委员会，还是强行通过特定秘密保护法，都是安倍对日本安保政策进行“大手术”的重要环节，更是安倍个人进一步集权的工具，为安倍将来在决定日本国家命运的重大事项上独断专行打开了大门。安倍政府最终的目的是要废除武器输出三原则，解禁集体自卫权，并修改和平宪法，拉开日本与第二次世界大战后和平主义的距离，从而向成为一个“正常的国家”迈进。

（作者：蔡晓辉）